CEDRIC GROLET

세드릭 그롤레의 아트 디저트

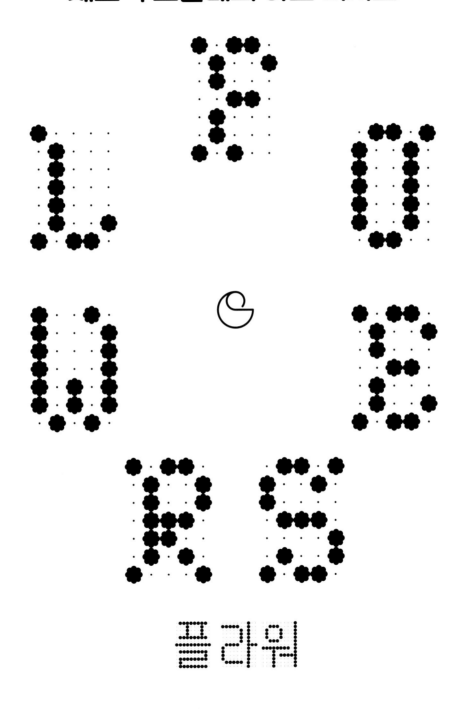

L'FO
OEUR
WRS

플라워

강현정 옮김

CITRON MACARON

'과일 디저트'에 이은 다음 프로젝트는 무엇이라고 예상하셨나요?

"과일 디저트 다음으로는 어떤 계획을 갖고 있나요?"

최근 고객과 지인들이 제게 많이 하는 질문입니다. 이에 대해 저는 당연히 "열매 다음에는 꽃이 오지요."라고 대답하곤 합니다. 자연스러운 수순이니까요. 꽃은 멋진 주제이자 페이스트리 셰프에게는 무한한 활동의 장입니다. 꽃은 생명, 우아함, 순수함의 상징입니다. 다양한 색과 형태를 갖고 있으며, 다채로운 재료로 활용할 기회를 제공해주는 꽃은 제게 놀라우리만큼 큰 영감을 줍니다.

저는 먹을 수 있는 꽃을 선물하는 것 또한 멋진 일이라고 생각합니다. 전통적으로 우리는 파티나 특별한 기념일에 꽃다발을 선물하곤 하죠. 저는 이것을 먹을 수 있도록 해 새로운 차원의 선물을 만들어내고 싶었습니다.

꽃에 관한 저의 첫 번째 기억이요? 어릴 때 어머니한테 "선물을 해주고 싶은데 돈이 없어요."라고 말했던 것이 기억납니다. 어머니는 "꽃 한 송이만 따다 주면 충분해. 그건 돈이 전혀 들지 않는단다."라고 대답했죠. 어머니의 이 단순한 문장은 제게 아주 심오한 의미로 다가왔습니다. 어머니의 말씀이 너무 맞았기 때문이죠. 저는 집주변 들판에서 수선화와 민들레를 따다 드렸습니다.

그래서 저의 파티스리 부티크 '오페라(Opéra)'에서도 꽃모양으로 된 케이크를 만들어 판매하면 좋겠다는 생각을 하게 되었습니다. 맛있는 레시피에 파이핑의 미학을 접목해 보았습니다. 이 책에 소개된 레시피들은 짤주머니와 깍지 외에는 그리 많은 도구들을 필요로 하지 않으며 복잡한 재료도 요구하지 않습니다. 오로지 인내심과 꾸준한 손작업만 필요합니다. 작업 준비는 하루 전에 시작하는 것을 권장합니다. 어떤 과정들은 꽤 시간이 걸리기도 하고 가나슈 같은 재료들은 조립이나 파이핑할 때까지 냉장고에 12시간 넣어두는 등 휴지 시간을 필요로 하기 때문입니다. 바로 이것이 파티스리의 예술입니다. 시간, 기다림, 인내가 가장 중요한 단어죠.

'오페라' 매장에서 제가 처음 만든 꽃모양 디저트는 '파리 브레스트'였고 이를 시작으로 해 많은 제품들로 확대해갔습니다. 매번 새로운 창작물을 만들 때마다 저는 제철 재료를 우선으로 사용한 독창적인 케이크 만들기를 구상했습니다. 왜냐하면, 저의 창의성을 이끌어주는 것은 언제나 재료 그 자체에 있기 때문입니다. 타르트의 경우에도 꽃모양으로 만들 수 있습니다. 타르트 시트 위에 과일을 빙 둘러 가지런히 놓는 일정하게 만드는 기술이 특히 중요합니다. 한 예로, 딸기가 너무 크거나 또는 작거나 혹은 각기 사이즈가 제각각이면 만족할 만한 결과물을 얻기 어렵습니다. 훌륭한 파티시에라면 원재료에 맞춰 적절히 응용하는 능력이 있어야 합니다. 과일을 어떻게 배치하느냐가 관건이며 이는 단순한 케이크를 특별한 선물로 변신시키는 마법을 발휘합니다.

저는 파티스리를 처음 배울 때부터 언제나 짤주머니를 짜 파이핑하는 작업을 좋아했습니다. 제가 수련생이었을 때 스승이었던 파스칼 리오티에(Pascal Liotier) 셰프로부터 이 기술을 집중적으로 배웠습니다. 그는 제가 함께했던 다른 스승님들과는 언제나 조금 달랐습니다. 종종 직언을 하는 성격이라 일하는 데 있어 힘든 면도 있었으나 인간적으로 매우 배울 점이 많은 분이었습니다. 오늘날의 제가 있기까지 이분의 영향이 매우 컸다고 할 수 있습니다. 얼마 전 제가 프랑스 남부에 갔을 때 리오티에 셰프를 만날 기회가 있었는데 그때 셰프님은 제가 매우 자랑스럽다는 말씀을 해주셨습니다. 정말 감동적인 순간이었죠. 그는 제 인생에서 아주 중요한 분입니다. 직업적으로뿐 아니라 인간적으로도 많은 가르침을 주셨기 때문입니다. 우리가 발전하며 앞으로 나아가기 위해서는 이 두 가지 측면이 모두 필요하다고 생각합니다.

«

과일을 어떻게
배열할 것인가는
매우 중요합니다.
이를 통해
하나의 단순한 타르트가
멋진 선물로 변신할 수 있거든요.

»

저는 짤주머니 깍지 선택, 플레이팅 형태, 재료의 품질, 정확한 레시피 등 여러 요소들을 유연하게 응용하며 진심을 다해 다양한 파이핑 방법과 기술을 이 책에 쏟아 넣었습니다. 어찌 보면 우리 팀원들과 제가 함께 이루어낸 우리 자신에 대한 도전이었습니다. 특히 이 책에 소개된 모든 창작물들은 아틀리에 루이 델 보카(Louis Del Boca)에서 제작한 석고 장식 플레이트 위에서 촬영되었습니다. 저는 이 촬영 아이디어를 처음 들었을 때 바로 매료되었습니다. 예술 작품을 창조하는 파티시에들이나 석회 미장공들은 서로 비슷한 접근 방식을 갖고 있기 때문이죠. 우리는 서로 딱 맞는 창조적 결과를 만들어냈습니다. 이 두 분야의 공예를 하나로 연결한 아이디어가 너무 좋았습니다.

짤주머니로 파이핑하는 일은 파티시에라는 직업에 있어 가장 기본이 되는 필수 기술 중 하나입니다. 하지만 실제로 제대로 파이핑을 할 줄 아는 파티시에를 채용하는 데 많은 어려움을 겪고 있습니다. 이것은 오로지 손으로만 보여줄 수 있는 기술이며 그 어떤 도구도 이를 완벽히 대체할 수 없기 때문입니다. 자신의 섬세함을 표현해야만 합니다. 샹티이 크림이든 휘핑한 가나슈 크림이든 그 질감이 잘 드러나야 합니다. 일정한 모양의 곡선을 반복해 짜면서 나는 매번 다른 꽃을 그려내려고 노력합니다. 자, 이제 여러분들도 한번 도전해볼 차례입니다.

세드릭 그롤레 CEDRIC GROLET

《

저는 언제나
파이핑 작업을
좋아했습니다

》

저는 세드릭이 파티스리 자격 취득을 위해 추가 수련을 하는 기간 동안 멘토로서 그를 지도했습니다. 그에 대한 첫 기억이요? 이 직업에 대한 갈증, 동기, 집중력이었습니다. 그는 완벽한 결과가 나올 때까지 지칠 줄 모르고 열심히 노력했습니다. 언제나 악착같은 끈기와 열정을 지닌 일벌레인 그를 때로는 작업실에서 끌고 나와야 할 정도였습니다. 그렇지 않으면 그는 결코 일을 멈추지 않았을 정도였으니까요. 아마도 이것이 가장 기억에 남는 그의 첫 모습이었던 것 같습니다.

세드릭은 저의 작업실에서 생토노레 깍지로 파이핑하는 방법을 배웠습니다. 매일 아침 나는 그에게 당시 우리의 시그니처 디저트 중 하나였던 '수부아(Sous-bois)' 케이크를 완성해 달라고 부탁했습니다. 이것은 베리 바바루아즈와 바닐라 크렘 앙글레즈 베이스에 이탈리안 머랭을 짜 전체를 덮은 디저트였습니다. 저는 모든 수련생들에게 "생토노레 깍지 파이핑을 능숙하게 하게 되면 그 어떤 파이핑도 잘할 수 있게 될 것이다."라고 늘 말하곤 했습니다. 세드릭은 다른 작업도 그러했듯이 이것 또한 포기하지 않고 끝을 보고자 하는 의지로 열심히 연습했습니다. 파이핑을 성공하려면 흔히 말해 '짤주머니를 짤 때의 스냅' 동작과 스트로크의 감이 있어야 하는데 세드릭은 이를 정확하게 터득했습니다. 그 이후로 플라워 디저트는 진짜 실물 같은 모양을 재현하는 세드릭의 트레이드 마크 '트롱프 뢰이(trompe-l'œil)' 과일 디저트에 못지않은 대표작이 되었습니다.

열여덟 살의 세드릭은 장난기가 많았고 삶에 대한 긍정적이고 밝은 열정으로 가득한 청년이었습니다. 배움에 대한 갈증이 넘쳤던 그를 느슨하게 풀어주기보다는 끊임없이 일을 주며 독려해야 했습니다. 삶이 무엇인지 알아가는, 조금씩 철이 들어가는 그런 나이였습니다. 저는 이러한 지도자의 역할을 담당하는 것을 언제나 좋아했습니다. 한 명의 젊은이에게 이 직업에 대해 가르친다는 사명, 이 얼마나 값진 일인가요?

27년 전 이생조(Yssingeaux)에 저의 파티스리, 초콜릿 전문점, 아이스크림 전문점을 오픈한 이래로 저는 매년 우리 팀 내에 두 명의 수련생을 채용해두고 있습니다. 직업 기술을 전수한다는 것은 제가 그 어떤 것보다도 높은 가치를 두는 일입니다. 지도를 담당하는 멘토와 제자인 수련생은 서로 이심전심이 통해야 하는 관계입니다. 세드릭과는 이것이 완벽하게 이루어졌습니다. 저는 그가 이 직업에 대해 느끼는 열정을 즉각 알아챘습니다. 그는 빛나는 재능을 보여주었고 너무도 자랑스러운 제자로 성장했습니다. 수련생으로서 함께 일했던 그해 이후로 우리는 계속 연락하며 지내고 있습니다. 저는 그에게 언제나 겸손하고 자신이 어디서 왔는지 초심을 잃지 말라고 이야기합니다. 물론 세드릭은 이를 잘 행하고 있습니다.

세드릭은 커리어를 쌓아가면서 자신의 행로, 자신만의 특성을 잘 찾아냈습니다. 그가 만들어낸 파티스리 창작물 중에는 기존의 그 어떤 파티시에들도 엄두를 내지 못했던 혁신적인 시도를 보여준 것들이 있습니다. 과감한 도전과 실행을 통해 더욱 맛있고 아름다운 디저트를 만들어내는 데 성공한 것입니다. 결국, 그는 전 세계에 이름을 알리게 되었고 세계 최고의 파티시에로 선정되는 영광을 누리게 되었습니다. 그의 파티스리 제품들 앞에서 '역시 세드릭 그롤레야!'라는 찬사를 듣는 게 이젠 흔한 일이 되었습니다. 이처럼 인정받는 파티시에는 정말 많지 않습니다. 그가 펴내는 이 세 번째 책의 서문을 쓸 수 있게 되어서 정말 영광스럽게 생각합니다. 이제 세드릭은 스승을 확실히 뛰어넘은 자랑스러운 제자임에 틀림없습니다.

파스칼 리오티에 PASCAL LIOTIER

세드릭 그롤레 멘토

차례

11

봄

PRINTEMPS

부케
BOUQUET

생강 가나슈
●

액상 생크림 1200g
생강 60g
생강 식초 240g
화이트 초콜릿 270g
젤라틴 매스 63g
(젤라틴 가루 9g + 물 54g)

파트 쉬크레
●

p. 342 재료 참조

로즈 아몬드 크림
●

버터 65g
설탕 65g
슈거 코팅 장미꽃잎 25g
아몬드 가루 65g
달걀 65g

로즈워터 젤리
●

로즈워터 450g
설탕 50g
한천분말(agar-agar) 6g
잔탄검 2g

라즈베리 인서트
●

라즈베리 475g
라즈베리 즙 70g
로즈워터 10g
설탕 145g
글루코스 분말 50g
펙틴 NH 10g
주석산 3g
슈거 코팅 장미꽃잎 7.5g

레드 코팅 스프레이
●

p. 338 재료 참조

생강 가나슈 GANACHE GINGEMBRE

하루 전, 소스팬에 생크림 분량의 반을 넣고 뜨겁게 가열한다. 껍질을 벗겨 강판에 간 생강, 생강 식초를 넣어준다. 불에서 내린 뒤 뚜껑을 덮고 약 10분간 향을 우려낸다. 다시 불에 올려 뜨겁게 데운 뒤 체에 거르며 다진 초콜릿과 젤라틴 매스 위에 부어준다. 나머지 분량의 생크림을 넣어준다. 핸드블렌더로 갈아 균일하게 혼합한다. 냉장고에 약 12시간 동안 넣어 휴지시킨다.

파트 쉬크레 PÂTE SUCRÉE

p. 342의 레시피를 참조한다.

로즈 아몬드 크림 CRÈME D'AMANDE À LA ROSE

전동 스탠드 믹서 볼에 버터와 설탕, 슈거 코팅 장미꽃잎, 아몬드 가루를 넣고 플랫비터를 돌려 섞어준다. 달걀을 조금씩 넣으며 계속 섞어준다. 냉장고에 넣어둔다.

로즈 워터 젤리 CONFIT À L'EAU DE ROSE

소스팬에 로즈 워터를 넣고 끓인다. 미리 섞어둔 설탕, 한천 분말, 잔탄검을 넣어준다. 핸드블렌더로 갈아 혼합한 다음 냉장고에 넣어 굳힌다. 사용 전에 다시 한 번 블렌더로 갈아준다.

라즈베리 인서트 INSERT FRAMBOISE

라즈베리에 라즈베리 즙과 로즈 워터를 조금씩 넣어가며 약 30분간 끓여 콩포트를 만든다. 설탕, 글루코스, 펙틴, 주석산을 넣고 잘 섞은 뒤 다시 가열해 1분간 끓인다. 마지막에 슈거 코팅 장미꽃잎을 넣고 잘 섞는다. 냉장고에 넣어둔다. 혼합물을 짤주머니에 채운 뒤 지름 3.5cm 구형 실리콘 틀에 짜 넣는다. 냉동실에 약 3시간 동안 넣어 굳힌다. 지름 4.5cm 반구형 실리콘 틀 안에 생강 가나슈를 조금 짜 넣은 뒤 냉동실에서 굳힌 구형 라즈베리 콩포트를 하나씩 넣고 가나슈로 완전히 덮어준다. 냉동실에 다시 6시간 동안 넣어둔다.

레드 코팅 ENROBAGE RUBIS

p. 338의 레시피를 참조한다.

조립하기 MONTAGE

파트 쉬크레 시트 안에 아몬드 크림을 채워 넣는다. 170℃에서 8분간 굽는다. 약 15분간 식힌 뒤 로즈 워터 젤리를 타르트 시트 높이만큼 채운다. 냉장고에 약 30분간 넣어둔다.

파이핑 완성하기 POCHAGE

전동 핸드믹서를 돌려 가나슈를 휘핑한다. 한 손에 삼지창 스탠드를 들고 그 위에 라즈베리 인서트를 꽂아 지탱한다. 다른 손에 생토노레 깍지(n°.104)를 끼운 짤주머니를 들고 휘핑한 가나슈를 짜 동그랗게 장미의 중심을 만든다. 이를 중심으로 반원 모양으로 빙 둘러가며 점점 바깥쪽으로 크게 짜 꽃잎 모양을 만든다. 꽃모양 밑으로 스패출러를 조심스럽게 밀어넣어 떼어낸 다음 조심스럽게 타르트 위에 얹어놓는다. 이 과정을 반복해준다. 꽃의 크기를 조금씩 다르게 만들면 더 자연스러운 부케 형태를 완성할 수 있다. 파티스리용 벨벳 스프레이 건으로 분사해 고루 붉은색을 입힌다.

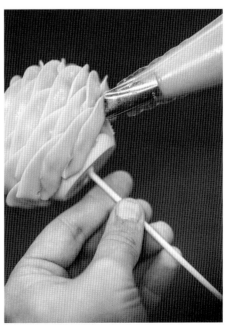

루바브 꽃잎
PÉTALES RHUBARBE

헤이즐넛 파트 사블레
●

버터 100g
비정제 황설탕 105g
달걀 45g
소금 1g
베이킹파우더 8g
밀가루(T55) 150g
헤이즐넛 가루 75g

헤이즐넛 크림
●

버터 65g
설탕 65g
헤이즐넛 가루 65g
달걀 65g

루바브 젤리
●

루바브 착즙 주스 225g
설탕 25g
한천 분말(agar-agar) 3g
잔탄검 1g

루바브 콩피
●

루바브 줄기 16개

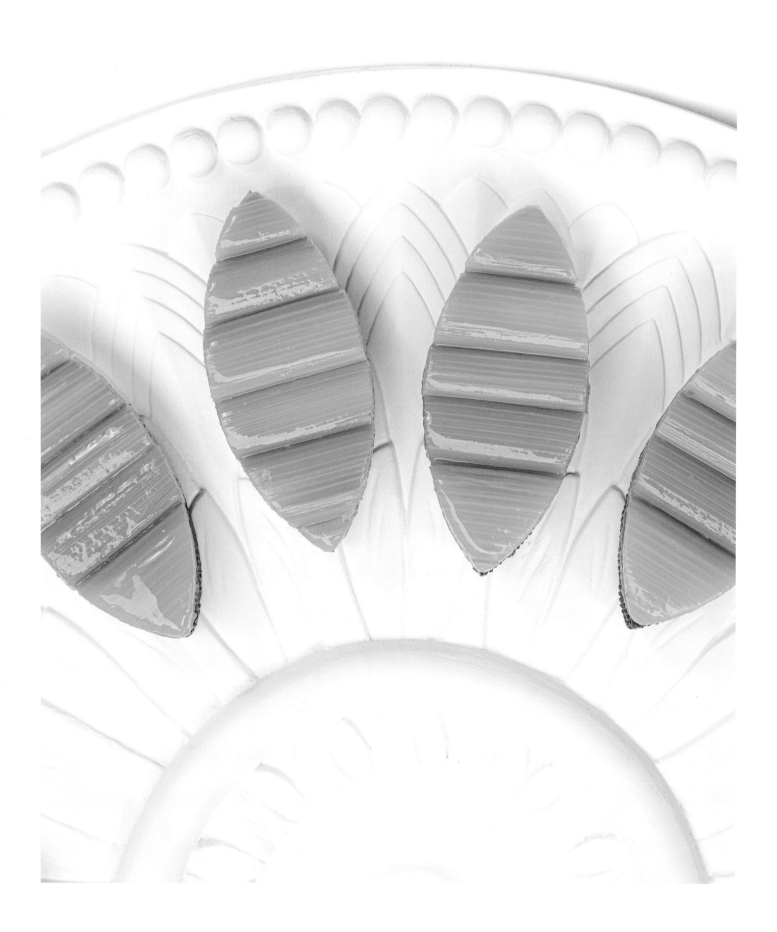

헤이즐넛 파트 사블레 PÂTE SABLÉE NOISETTE

전동 스탠드 믹서 볼에 버터와 황설탕을 넣고 플랫비터를 돌려 굵직한 모래 질감처럼 부슬부슬하게 섞어준다. 달걀을 조금씩 넣으며 계속 섞어준다. 소금, 베이킹파우더, 밀가루, 헤이즐넛 가루를 넣고 섞는다. 반죽을 3~4mm 두께로 민 다음 9cm 길이의 갸름한 칼리송 모양의 링의 바닥과 내벽에 깔아준다. 남은 여유분은 칼로 깔끔하게 잘라낸다. 실리콘 패드나 유산지를 깐 오븐팬 위에 링을 모두 놓은 뒤 175℃ 오븐에서 20분간 굽는다.

헤이즐넛 크림 CRÈME DE NOISETTE

전동 스탠드 믹서 볼에 버터, 설탕, 헤이즐넛 가루를 넣고 플랫비터를 돌려 섞어준다. 달걀을 조금씩 넣으며 섞어준 뒤 냉장고에 보관한다.

루바브 젤리 CONFIT RHUBARBE

소스팬에 착즙 루바브 주스를 넣고 끓을 때까지 가열한다. 미리 섞어둔 설탕, 한천 분말, 잔탄검을 넣어준다. 핸드블렌더로 갈아 혼합한 다음 냉장고에 넣어 굳힌다. 사용 전에 다시 한 번 블렌더로 갈아준다.

루바브 콩피 RHUBARBE CONFITE

루바브 줄기의 껍질을 벗긴 뒤 양쪽 끝을 잘라 다듬는다. 루바브 줄기를 진공팩에 넣은 뒤 완전히 진공 상태로 봉한다. 63℃로 세팅한 스팀 오븐(또는 수비드 기계 수조)에서 2시간 동안 익힌다. 식힌다.

조립하기 MONTAGE DES PÉTALES

루바브 줄기 콩피의 반을 작게 잘라준다. 구워둔 파트 사블레 셸 안에 헤이즐넛 크림을 채워 넣고 작게 자른 루바브 콩피 조각을 넣어준다. 남은 루바브 콩피는 마지막 완성용으로 따로 보관한다. 크림을 채운 칼리송 모양 타르트를 170℃ 오븐에서 8분간 굽는다. 꺼낸 뒤 15분 정도 식힌다. 타르트 위에 루바브 젤리를 끝까지 채워준다. 냉장고에 30분간 넣어둔다. 루바브 줄기 콩피의 나머지 반을 각기 다른 사이즈로 자른 뒤 보기 좋게 배열해 얹어 꽃잎 모양을 완성한다.

화이트 로즈
ROSE BLANCHE

바닐라 가나슈

●

p. 340 재료 참조

바닐라 프랄리네

●

아몬드 150g
바닐라 빈 1줄기
설탕 100g
물 70g

사블레 스페큘러스

●

버터(상온의 포마드 상태) 200g
갈색 설탕(조당) 200g
설탕 60g
소금 2g
계핏가루 10g
달걀 40g
우유 15g
밀가루 400g
베이킹파우더 10g

재조립한 스페큘러스 파트 사블레 크러스트

●

사블레 스페큘러스 500g
카카오 버터 150g

바닐라 스펀지

●

아몬드 가루 100g
비정제 황설탕 90g
밀가루(T55) 40g
베이킹파우더 4g
소금 5g
달걀흰자 135g
달걀노른자 40g
액상 생크림 25g
바닐라 페이스트 6g
버터 40g
설탕 20g

캐러멜 소스

●

p. 335 재료 참조

화이트 코팅

●

p. 338 재료 참조

바닐라 가나슈 GANACHE VANILLE

p. 340의 레시피를 참조해 바닐라 가나슈를 만든다.

바닐라 프랄리네 PRALINE VANILLE

아몬드와 바닐라 빈을 165℃ 오븐에서 15분간 로스팅한다. 소스팬에 설탕과 물을 넣고 110℃까지 가열한다. 여기에 아몬드와 바닐라 빈을 넣고 설탕이 부슬부슬해지는 상태를 지나 캐러멜화할 때까지 가열하며 섞는다. 식힌다. 바닐라 빈 줄기를 제거한 뒤 블렌더로 갈아준다.

사블레 스페쿨러스 SABLE SPECULOOS

볼에 버터와 갈색 조당, 설탕, 소금, 계핏가루를 넣고 거품기로 저어 섞는다. 달걀을 조금씩 넣어가며 섞어준다. 우유를 넣고 섞는다. 마지막으로 함께 체에 친 밀가루와 베이킹파우더를 넣고 섞는다. 실리콘 패드(Silpat)를 깐 오븐팬에 사블레 반죽을 4mm 두께로 펴 깔아준다. 170℃ 오븐에서 약 10분간 굽는다.

재조립한 스페쿨러스 파트 사블레 크러스트
PATE SPECULOOS RECONSTITUEE

스페큘러스 사블레와 녹인 카카오 버터를 섞는다. 반죽 혼합물을 3mm 두께로 민 다음 지름 20cm 원반형으로 자른다. 실리콘 패드를 깐 오븐팬 위에 지름 16cm 타르트 링을 놓고 그 안에 원반형 사블레 시트를 깔아준다. 170℃ 오븐에서 약 20분간 굽는다.

바닐라 스펀지 BISCUIT VANILLE

볼에 아몬드가루, 황설탕, 밀가루, 베이킹파우더, 소금, 달걀흰자 25g, 달걀노른자, 생크림, 바닐라 페이스트를 넣고 섞는다. 녹인 버터를 넣고 섞어준다. 다른 믹싱볼에 나머지 달걀흰자를 넣고 거품기를 돌려 거품을 올린다. 설탕을 넣어가며 단단하게 거품을 올린다. 두 개의 혼합물을 잘 섞어준다. 짤주머니에 채워 넣은 뒤 실리콘 패드를 깐 오븐팬 위에 지름 16cm 크기의 원형으로 짜 놓는다. 175℃ 오븐에서 8분간 굽는다. 중간에 오븐팬의 위치를 한 번 돌려놓는다.

캐러멜 소스 CARAMEL ONCTUEUX

p. 335의 레시피를 참조해 캐러멜 소스를 만든다.

화이트 코팅 ENROBAGE BLANC

p. 338의 레시피를 참조해 화이트 코팅을 만든다.

조립하기 MONTAGE

핸드믹서 거품기로 바닐라 가나슈를 휘핑해준다. 파트 사블레 타르트 시트의 링을 조심스럽게 제거한다. 같은 크기의 링 안에 아세테이트 띠지를 둘러준 다음 사블레 시트를 넣어준다. 사블레 시트에 바닐라 프랄리네를 한 켜 깔아준 다음 바닐라 스펀지를 놓는다. 캐러멜 소스를 부어준 다음 냉동실에 약 2시간 동안 넣어둔다. 휘핑한 바닐라 가나슈를 지름 18cm 실리콘 틀(Pavoni®)의 바닥과 내벽 전체에 짜 올린다. 인서트가 중앙에 잘 위치할 수 있도록 가운에 중앙 부분에 가나슈를 좀 더 많이 짜 넣는다. 냉동실에 얼려둔 케이크 인서트를 중앙에 놓은 뒤 가나슈로 덮어준다. 스패출러로 매끈하게 밀어 정리한다. 냉동실에 다시 6시간 동안 넣어둔다. 조심스럽게 틀을 제거한다.

파이핑 완성하기 POCHAGE

생토노레 깍지(n°.104)를 끼운 짤주머니를 이용해 가나슈를 꽃잎 모양으로 짜준다. 케이크 중앙에 장미 꽃봉오리 중심 모양을 짜 놓은 뒤 계속 빙 둘러가며 점점 크게 파이핑을 계속해 케이크 전체를 덮어준다. 화이트 초콜릿 코팅을 스프레이 건으로 고르게 분사해 케이크 전체에 흰색 벨벳같은 질감을 입혀준다.

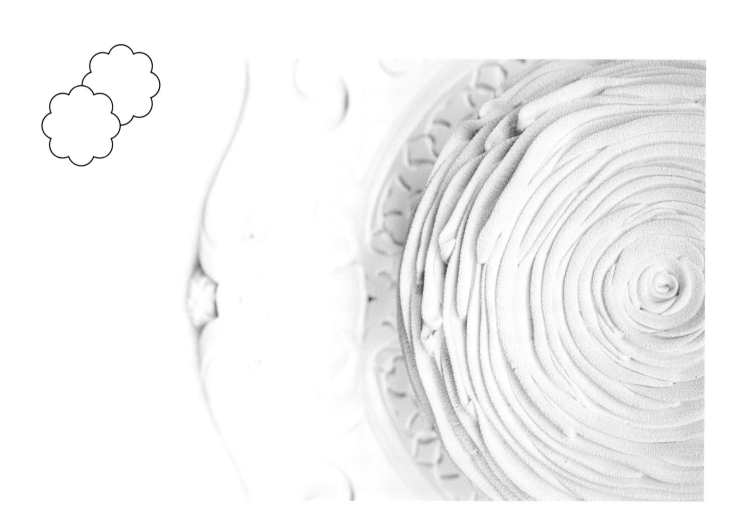

한련화
CAPUCiNE

허니 가나슈
●
액상 생크림 240g
생강 10g
달걀노른자 100g
프로폴리스 꿀 60g
젤라틴 매스 21g
(젤라틴 가루 3g + 물 18g)
마스카르포네 400g

레몬 아몬드 크림
●
버터 65g
설탕 65g
아몬드 가루 65g
레몬 제스트 25g
달걀 65g

라임 젤
●
라임 3개
올리브오일 10g
액상 꿀 75g
글루코스 30g
세이지 15g
민트 15g
타라곤 15g
식용 칼렌듈라 꽃 15g

레몬 페이스트
●
레몬 2개

파트 쉬크레
●
p. 342 재료 참조

오렌지색 코팅
●
p. 338 재료 참조

노란색 코팅
●
p. 338 재료 참조

완성 재료
●
식용 한련화

허니 가나슈 GANACHE MIEL

냄비에 생크림과 곱게 강판에 간 생강을 넣고 끓을 때까지 가열한다. 볼에 달걀노른자와 꿀을 넣고 거품기로 저어 섞어준다. 여기에 끓는 생크림을 조금 부어 잘 섞은 뒤 다시 냄비로 옮겨 담고 다시 가열해 크렘 앙글레즈를 만든다. 2분간 끓인 뒤 젤라틴 매스를 넣고 핸드블렌더로 갈아 혼합한다. 체에 거른 뒤 마스카르포네를 넣고 섞어준다. 냉장고에 약 12시간 정도 넣어둔다.

라임 젤 GEL CITRON VERT

깨끗이 씻은 라임의 양끝을 잘라낸 다음 작게 썰어 블렌더로 간다. 냄비에 간 라임과 올리브오일, 꿀, 글루코스 시럽을 넣고 끓여 매끈한 혼합물을 만든다. 허브와 칼렌듈라 꽃을 넣고 핸드블렌더로 갈아 혼합한다.

파트 쉬크레 PÂTE SUCRÉE

p. 342의 레시피를 참조한다.

레몬 아몬드 크림 CRÈME D'AMANDE AU CITRON

전동 스탠드 믹서 볼에 버터와 설탕, 아몬드 가루, 레몬 제스트를 넣고 플랫비터를 돌려 섞어준다. 달걀을 조금씩 넣으며 계속 섞어준다.

레몬 페이스트 PÂTE DE CITRON

레몬을 깨끗이 씻은 뒤 통째로 끓는 물에 넣고 약 20분간 데친다. 써머믹스(Thermomix®)에 넣고 갈아 페이스트를 만든다.

오렌지색과 노란색 코팅 ENROBAGES ORANGE & JAUNE

p. 338의 레시피를 참조한다.

조립하기 MONTAGE

파트 쉬크레 시트 안에 아몬드 크림을 채운 다음 170℃ 오븐에서 8분간 굽는다. 약 15분간 식힌 후 레몬 페이스트를 얇게 한 켜 얹어준다. 그 위에 라임 젤을 타르트 시트 높이 끝까지 채워준다. 스패출러로 매끈하게 밀어 정리한 다음 중앙 부분에 라임 젤을 봉긋하게 얹어준다. 냉동실에 보관한다.

파이핑 완성하기 POCHAGE

허니 가나슈를 핸드믹서로 돌려 휘핑해준다. 생토노레 깍지(n°.125)를 끼운 짤주머니를 이용해 실리콘 패드 위에 꽃모양을 짜놓는다. 반원 모양으로 세 번씩 둘러 짜 꽃잎을 만들어준다. 가나슈로 짠 꽃들을 냉동실에 약 4시간 정도 넣어둔다. 꽃의 3/4은 주황색으로, 1/4은 노란색으로 각각 스프레이 건을 분사해 벨벳 질감이 나도록 코팅한다. 꽃들을 케이크 위에 보기 좋게 배치한다. 지름 2mm의 원형 깍지를 끼운 짤주머니로 각 꽃 중앙에 가나슈를 가늘게 짜서 꽃술을 표현해준다. 한련화로 전체를 장식한다. 냉장고에 4시간 동안 넣어둔다.

바바
BABA

바바 반죽

p. 341 재료 참조

럼 크림
●

액상 생크림 200g
설탕 20g
바닐라 빈 1줄기
럼(Havana Club Selection de Maestro)
20g

바바 시럽
●

p. 343 재료 참조

샹티이 크림
●

액상 생크림 520g
바닐라 빈 2줄기
설탕 20g
마스카르포네 50g
젤라틴 매스 14g
(젤라틴 가루 2g + 물 12g)

바닐라 글레이즈
●

투명 나파주 100g
바닐라 펄(또는 바닐라 빈 가루) 1g

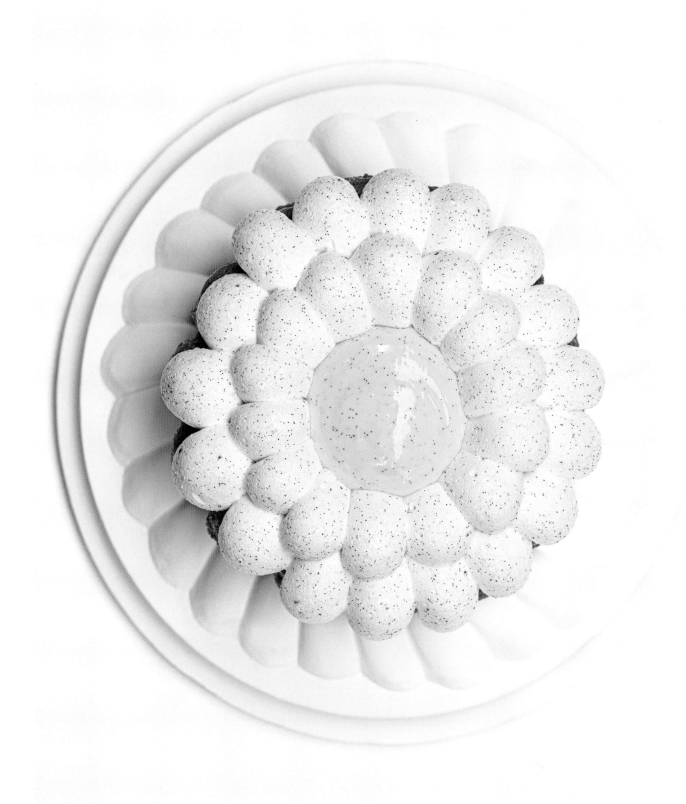

바바 반죽 PÂTE À BABA

p. 341의 레시피를 참조해 바바 반죽을 만든다. 지름 18cm 브리오슈 틀에 반죽을 짜 채워준다. 180℃ 오븐에서 15분간 구운 다음 오븐 온도를 160℃로 낮춰 15분, 이어서 140℃로 낮춘 뒤 6분을 더 구워준다.

럼 크림 CRÈME MOELLEUSE RHUM

소스팬에 생크림과 설탕, 길게 갈라 긁은 바닐라 빈을 넣고 뜨겁게 가열한다. 불에서 내린 뒤 뚜껑을 덮고 약 10분 동안 향을 우려낸다. 체에 거른 다음 럼을 넣고 잘 섞어준다. 냉장고에 보관한다.

바바 시럽 SIROP BABA

p. 343의 레시피를 참조해 바바를 담가 적실 용도의 시럽을 만든다.

샹티이 크림 CHANTILLY

소스팬에 생크림 분량의 1/3, 길게 갈라 긁은 바닐라빈, 설탕을 넣고 가열한다. 생크림이 끓으면 마스 카르포네와 젤라틴 매스가 담긴 볼에 붓고 잘 섞어준다. 체에 거른 뒤 핸드블렌더로 갈아준다. 나머지 차가운 생크림을 넣고 잘 섞은 다음 냉장고에 보관한다.

조립하기 MONTAGE

하루 전, 시럽을 62℃로 가열한 다음 바바를 푹 담근 뒤 12시간 동안 그대로 둔다. 다음 날 스푼으로 바바의 중앙을 파낸 다음 럼 크림의 일부를 짜 넣는다.

파이핑 완성하기 POCHAGE

나머지 럼 크림은 전동 핸드믹서를 돌려 휘핑해준다. 전동 스탠드 믹서 볼에 샹티이 크림을 넣고 거품기를 돌려 휘핑한다. 원형 깍지(n°.14)를 끼운 짤주머니에 휘핑한 샹티이 크림을 채운 뒤 바바 위에 빙 둘러 동그란 모양으로 짜 얹어준다. 가장자리에는 둥근 모양으로, 안쪽으로는 약간 갸름하게 늘려주면서 꽃잎 모양을 만들어준다. 다른 짤주머니를 이용해 바바 중앙에 큼직한 원형으로 럼 크림을 짜준다.

바닐라 글레이징 NAPPAGE VANILLE

소스팬에 투명 나파주와 바닐라 펄을 넣고 끓을 때까지 가열한다. 혼합물을 스프레이 건에 넣고 직접 바바 케이크 위에 분사해준다.

데이지
PÂQUERETTE

코코넛 가나슈

액상 생크림 240g
구운 코코넛 셰이빙 50g
달걀노른자 100g
설탕 50g
젤라틴 매스 21g
(젤라틴 가루 3g + 물 18g)
코코넛 퓌레 650g
마스카르포네 400g

코코넛 젤

코코넛 퓌레 250g
잔탄검 2.5g

레몬 젤

레몬즙 600g
설탕 60g
한천 분말(agar-agar) 12g

파트 디아망

p. 342 재료 참조

아몬드 코코넛 다쿠아즈

달걀흰자 125g
설탕 55g
아몬드 가루 55g
코코넛 셰이빙 55g
밀가루 20g
슈거파우더 85g

코코넛 프랄리네

p. 342 재료 참조

코코넛 크리스피

p. 337 재료 참조

화이트 코팅

p. 338 재료 참조

옐로 코팅

p. 338 재료 참조

오렌지 코팅

p. 338 재료 참조

코코넛 가나슈 GANACHE COCO

오븐에 로스팅한 코코넛 과육 셰이빙과 생크림을 소스팬에 넣고 끓을 때까지 가열한다. 볼에 달걀노른자와 설탕을 넣고 거품기로 휘저어 섞는다. 여기에 끓는 생크림을 조금 부어 잘 섞은 뒤 다시 냄비로 옮겨 담고 다시 가열해 크렘 앙글레즈를 만든다. 2분간 끓인 뒤 젤라틴 매스와 코코넛 퓌레를 넣고 핸드블렌더로 갈아 균일하게 혼합한다. 체에 거른 뒤 마스카르포네를 넣고 섞어준다. 냉장고에 약 12시간 정도 넣어둔다.

파트 디아망 PÂTE DIAMANT

p. 342의 레시피를 참조해 파트 디아망 타르트 시트를 만든다.

코코넛 프랄리네 & 코코넛 크리스피
PRALINE COCO & CROUSTILLANT COCO

p. 342의 레시피를 참조해 코코넛 프랄리네를 만든다.
p. 337의 레시피를 참조해 코코넛 크리스피를 만든다.

코코넛 젤 GEL COCO

코코넛 퓌레와 잔탄검을 섞어준다.

레몬 젤 GEL CITRON

소스팬에 레몬즙을 넣고 끓인다. 미리 섞어둔 설탕과 한천 분말을 넣어준다. 핸드블렌더로 갈아 혼합한 뒤 냉장고에 넣어 굳힌다.

아몬드 코코넛 다쿠아즈 DACQUOISE AMANDE-COCO

프렌치 머랭을 만든다. 우선 달걀흰자에 설탕을 세 번에 나누어 넣어가며 단단하게 거품을 올린다. 거품기를 들어올렸을 때 새 부리 모양이 될 정도로 머랭을 올린 다음 나머지 재료를 모두 넣고 주걱으로 잘 섞어준다. 다쿠아즈 혼합물을 짤주머니에 넣은 뒤 지름 24cm 무스링 안에 짜 넣는다. 170°C 오븐에서 약 18분간 굽는다.

화이트, 옐로, 오렌지 코팅
ENROBAGES BLANC, JAUNE & ORANGE

p. 338의 레시피를 참조한다.

조립하기 MONTAGE

핸드믹서 거품기로 바닐라 가나슈를 휘핑해준다. 인서트를 만든다. 우선 지름 24cm 링 안에 다쿠아즈를 깔아준 다음 코코넛 젤을 한 켜 발라준다. 짤주머니를 이용해 코코넛 프랄리네와 레몬 젤을 각각 점점이 짜 얹어준다. 코코넛 프랄리네 4개당 레몬 젤 1개 비율로 고루 배치한다. 냉동실에 약 3시간 동안 넣어둔다. 지름 26cm 케이크 틀 바닥과 내벽에 가나슈를 전체적으로 깔아준다. 중앙에 인서트를 딱 맞춰 넣을 수 있도록 가나슈를 볼록하게 좀 더 짜 넣는다. 인서트를 넣어준 다음 가나슈로 덮어준다. 스패출러로 매끈하게 밀어 정리한다. 냉동실에 약 6시간 정도 넣어둔다. 조심스럽게 틀에서 분리한다. 파트 디아망 시트 안에 코코넛 크리스피를 한 켜 깔아준 다음 레몬 젤을 아주 얇게 한 켜 펴 바른다. 냉동실에서 꺼낸 인서트를 그 위에 놓는다.

파이핑 완성하기 POCHAGE

Step 1

실리콘 패드 또는 작은 스텐 받침 위에 짤주머니(생토노레 깍지 nº.104 장착)를 이용해 데이지 꽃모양으로 가나슈를 짜 놓는다. 우선 직선 모양으로 짧게 짠 다음 끝까지 오면 검지손가락 한 마디 크기의 둥근 곡선을 가볍게 짜주고 다시 출발점으로 돌아온다. 이 과정을 반복해 꽃잎을 하나하나씩 짜 넣어 데이지 꽃모양을 만들어준다. 케이크 전체를 덮을 수 있도록 약 20개 정도의 꽃을 만들어준다. 냉동실에 4시간 정도 넣어둔다. 화이트 초콜릿 코팅을 스프레이 건으로 분사해 고루 색을 입힌다.

Step 2

나머지 레몬 젤을 지름 3cm 원반형 실리콘 틀 안에 채워 넣어 데이지 꽃의 중심을 만든다. 냉동실에 약 3시간 동안 넣어 굳힌다. 옐로 코팅을 스프레이 건으로 분사해 고루 색을 입힌 다음 오렌지색 코팅을 살짝 분사해준다. 색을 입힌 꽃 중심을 데이지 꽃잎 가운데에 놓은 뒤 완성된 꽃을 케이크 위에 보기 좋게 배치한다. 냉장고에 4시간 동안 넣어둔다.

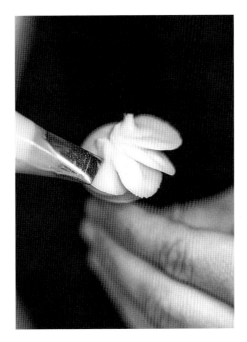

바닐라
CiTRON VANiLLÉ
레몬

바닐라 가나슈

액상 생크림 235g
바닐라 빈 1줄기
화이트 커버처 초콜릿(ivoire) 50g
젤라틴 매스 14g
(젤라틴 가루 2g + 물 12g)

파트 쉬크레

p. 342 재료 참조

바닐라 아몬드 크림

p. 336 재료 참조

레몬 마멀레이드

바닐라 빈 1줄기
레몬 115g
레몬즙 115g
액상 꿀 25g

레몬 크레뮈

레몬즙 70g
달걀 80g
액상 꿀 7g
젤라틴 매스 7g
(젤라틴 가루 1g + 물 6g)
버터 85g

옐로 코팅

p. 338 재료 참조

골드 글리터

키르슈 220g
식용 금분 120g

완성 재료

레몬 과육 세그먼트 10개

바닐라 가나슈 GANACHE VANILLE

하루 전, 소스팬에 생크림 분량의 반을 넣고 뜨겁게 가열한다. 길게 갈라 긁은 바닐라 빈을 넣고 불에서 내린 뒤 뚜껑을 덮고 약 10분간 향을 우려낸다. 다시 불에 올려 가열한 다음 체에 거른다. 잘게 썬 초콜릿과 젤라틴 매스를 넣은 볼에 뜨거운 생크림을 붓고 잘 섞는다. 나머지 분량의 생크림을 넣어준 다음 핸드블렌더로 갈아 혼합한다. 냉장고에 약 12시간 동안 넣어 휴지시킨다.

파트 쉬크레 PÂTE SUCRÉE

p. 342의 레시피를 참조한다.

바닐라 아몬드 크림 CRÈME D'AMANDE VANILLÉE

p. 336의 레시피를 참조한다.

레몬 마멀레이드 MARMELADE CITRON

바닐라 빈을 길게 갈라 가루를 긁어낸다. 깨끗이 씻은 레몬의 양끝을 잘라낸 다음 작게 잘라 바닐라 빈 가루와 함께 블렌더에 넣고 간다. 소스팬에 모든 재료를 넣고 끓을 때까지 가열한다. 식힌다.

레몬 크레뫼 CRÉMEUX CITRON

소스팬에 레몬즙을 넣고 끓을 때까지 가열한다. 달걀과 꿀을 넣어준다. 계속 잘 저으며 105℃까지 끓인다. 불에서 내린 뒤 젤라틴 매스와 버터를 넣고 잘 섞어준다.

옐로 코팅 ENROBAGE JAUNE

p. 338의 레시피를 참조한다.

골드 글리터 SCINTILLANT OR

키르슈와 금분을 섞어준다.

조립하기 MONTAGE

파트 쉬크레 시트 안에 아몬드 크림을 채워 넣는다. 170℃에서 8분간 굽는다. 약 15분간 식힌 뒤 레몬 마멀레이드를 시트 높이의 반까지 오도록 채운다. 그 위에 작게 자른 레몬 과육 세그먼트를 몇 개 놓고 살짝 눌러준다. 레몬 크레뫼로 전체를 덮어준다. 스패출러로 매끈하게 밀어 정리해준다.

파이핑 완성하기 POCHAGE

전동 핸드믹서를 돌려 가나슈를 휘핑한다. 휘핑한 가나슈를 생토노레 깍지(n°.20)를 끼운 짤주머니에 채운 뒤 스텐 받침대에 올려 놓은 케이크 위에 불꽃 모양으로 파이핑한다. 케이크의 바깥쪽에서부터 시작해 중심쪽으로 가나슈를 빙 둘러 짜준다. 첫 번째 둘레를 다 짜서 채운 뒤 다음 줄은 사이사이에 끼워 넣듯이 모양을 채워준다. 옐로 코팅을 스프레이 건으로 분사해 케이크 전체에 고루 색을 입힌다. 이어서 골드 글리터 코팅을 분사해 입혀준다. 냉장고에 약 4시간 동안 넣어둔다.

라임
CiTRON VERT

파트 쉬크레
●

p. 342 재료 참조

라임 아몬드 크림
●

버터 65g
설탕 65g
아몬드 가루 65g
라임 제스트 25g
달걀 65g

라임 젤
●

라임 3개
올리브오일 10g
액상 꿀 75g
글루코스 30g
세이지 15g
민트 15g
타라곤 15g
식용 칼렌듈라 꽃 15g

라임 크레뫼
●

라임즙 70g
달걀 80g
액상 꿀 7g
젤라틴 매스 7g
(젤라틴 가루 1g + 물 6g)
버터 85g

머랭
●

p. 341 재료 참조

파이핑 완성하기
●

데커레이션용 슈거파우더(Codineige®)

파트 쉬크레 PÂTE SUCRÉE

p. 342의 레시피를 참조한다.

라임 아몬드 크림 CRÈME D'AMANDE AU CITRON VERT

전동 스탠드 믹서 볼에 버터와 설탕, 아몬드 가루, 라임 제스트를 넣고 플랫비터를 돌려 섞어준다. 달걀을 조금씩 넣으며 계속 섞어준다. 냉장고에 보관한다.

라임 젤 GEL CITRON VERT

깨끗이 씻은 라임의 양끝을 잘라낸 다음 작게 썰어 블렌더로 간다. 소스팬에 간 라임 퓌레와 올리브오일, 꿀, 글루코스 시럽을 넣고 끓여 매끈한 혼합물을 만든다. 세이지, 민트, 타라곤과 칼렌듈라 꽃을 넣고 핸드블렌더로 갈아 혼합한다.

라임 크레뫼 CRÈMEUX CITRON VERT

소스팬에 라임즙을 넣고 끓을 때까지 가열한다. 달걀과 꿀을 넣어준다. 계속 잘 저으며 105℃까지 끓인다. 불에서 내린 뒤 젤라틴 매스와 버터를 넣고 잘 섞어준다.

머랭 MERINGUE

p. 341의 레시피를 참조한다.

조립하기 MONTAGE

파트 쉬크레 시트 안에 라임 아몬드 크림을 채워 넣는다. 170 C에서 8분간 굽는다. 약 15분간 식힌 뒤 라임 크레뫼를 타르트 시트 높이만큼 채운다. 스패출러로 매끈하게 밀어 정리한 다음 냉동실에 넣어 굳힌다.

파이핑 완성하기 POCHAGE

원형 깍지(n°.14)를 끼운 짤주머니에 머랭을 채운 다음 타르트 위에 동글동글한 공 모양으로 꽃잎을 빙 둘러 짜준다. 살짝 위로 들어올리듯이 짠 다음 동작을 끊듯이 짤주머니를 아래쪽으로 내리며 마무리한다. 그 옆에 마찬가지 방법으로 동그란 잎을 짜 넣으며 케이크를 빙 둘러준다. 맨 가장자리부터 시작해 점점 더 안쪽으로 작은 둘레를 메꾸며 2~3줄 정도 꽃잎을 짜준다. 새 줄을 시작할 때 첫 번째 꽃잎은 바깥쪽 둘레의 꽃잎 사이에 배치하며 시작한다. 데커레이션용 슈거파우더를 살살 뿌려준다. 165℃ 오븐에서 16분간 굽는다. 오븐에서 꺼낸 뒤 식힌다. 케이크 중앙에 라임 젤을 동그랗게 얹어준다.

제비꽃
ViOLETTE

블랙커런트 제비꽃 가나슈
❀

액상 생크림 140g
달걀노른자 60g
설탕 30g
젤라틴 매스 14g
(젤라틴 가루 2g + 물 12g)
블랙커런트 퓌레 230g
마스카르포네 230g
제비꽃 천연향 에센스

블랙커런트 젤
❀

블랙커런트 주스 500g
설탕 50g
한천 분말(agar-agar) 8g
잔탄검 3g
블랙커런트 500g

화이트 코팅
❀

p. 338 재료 참조

보라색 코팅
❀

카카오 버터 100g
화이트 초콜릿 100g
보라색 식용 색소 분말 1g

블랙커런트 글레이즈
❀

투명 나파주 250g
블랙커런트 퓌레 40g
올리브오일 10g

완성 재료
❀

블랙커런트 150g

블랙커런트 제비꽃 가나슈 GANACHE CASSIS-VIOLETTE

소스팬에 생크림을 넣고 끓을 때까지 가열한다. 볼에 달걀노른자와 설탕을 넣고 거품기로 휘저어 섞어준다. 여기에 뜨거운 생크림을 조금 부어 섞은 뒤 다시 소스팬으로 옮겨 붓고 계속 저으며 가열한다. 약 2분 정도 끓여 크렘 앙글레즈를 만든 다음 젤라틴 매스와 블랙커런트 퓌레를 넣고 핸드블렌더로 갈아 혼합한다. 체에 거른 뒤 마스카르포네와 제비꽃 향 에센스를 몇 방울 넣고 잘 섞어준다. 냉장고에 약 12시간 동안 넣어 휴지시킨다.

블랙커런트 젤 GEL CASSIS

소스팬에 블랙커런트 주스를 넣고 끓을 때까지 가열한다. 끓기 시작하면 설탕, 한천 분말, 잔탄검을 넣고 핸드블렌더로 갈아 혼합한다. 냉장고에 넣어 굳힌다. 다시 한 번 블렌더로 간 다음 일부를 덜어내 따로 보관한다. 나머지 젤에 반으로 자른 블랙커런트를 넣고 잘 섞어준다. 젤 혼합물을 갸름한 길이 8cm 칼리송 모양의 실리콘 틀 안에 채워 넣는다. 이 인서트를 냉동실에 넣어 굳힌다.

화이트 코팅 ENROBAGE BLANC

p. 338의 레시피를 참조해 화이트 초콜릿 코팅 혼합물을 만든다. 냉동실에서 얼린 블랙커런트 젤 인서트를 틀에서 꺼낸 뒤 35℃로 맞춘 화이트 코팅 혼합물에 담갔다 꺼낸다. 여분의 코팅액은 흘러내리도록 한다.

보라색 코팅 ENROBAGE VIOLET

카카오 버터를 녹인 뒤 잘게 썬 초콜릿에 부어준다. 식용 색소를 첨가한 뒤 핸드블렌더로 갈아 매끈하고 균일하게 혼합한다.

블랙커런트 글레이즈 NAPPAGE CASSIS

소스팬에 재료를 모두 넣고 끓을 때까지 가열한 뒤 잘 섞어준다.

파이핑 완성하기 POCHAGE

따로 보관해둔 블랙커런트 젤을 케이크 인서트 위에 발라 덮어준다. 지름 12mm 원형 깍지를 끼운 짤주머니를 이용해 가나슈를 불규칙한 꽃잎 모양으로 짜준다. 맨 위쪽부터 시작해 아래쪽으로 빙 둘러 젤 위에 꽃잎을 붙여가며 양끝에 볼륨감을 준다는 느낌으로 짜준다. 스프레이 건으로 보라색 코팅 혼합물을 분사해 고루 색을 입힌다. 글레이즈를 입힌 블랙커런트를 중앙에 얹어준다. 냉장고에 약 4시간 동안 넣어둔다.

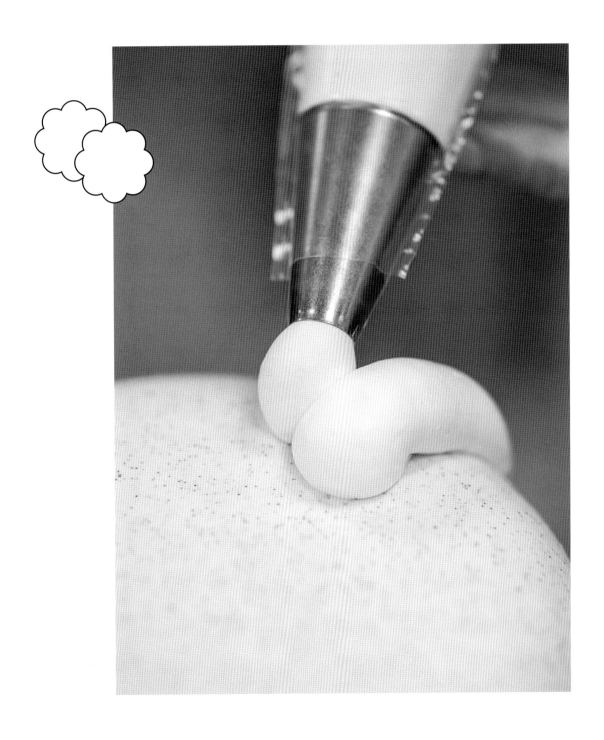

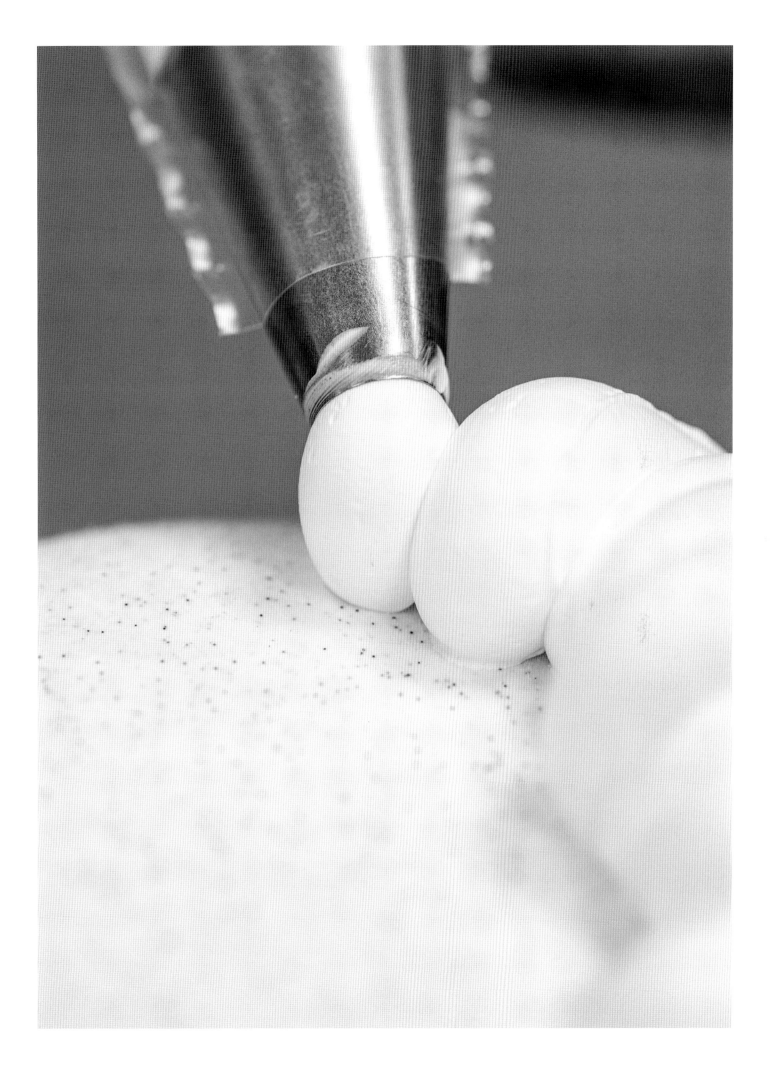

허니
MiEL

허니 가나슈

●

액상 생크림 240g
달걀노른자 100g
꿀 60g
젤라틴 매스 21g
(젤라틴 가루 3g + 물 18g)
마스카르포네 400g

허니 레몬 젤

●

레몬즙 500g
설탕 50g
한천 분말(agar-agar) 8g
잔탄검 2g
라벤더 꿀 15g
레몬 과육 세그먼트 70g

허니 아몬드 프랄리네

p. 342 재료 참조

허니 아몬드 크리스피

●

p. 336 재료 참조

비폴렌 젤

레몬즙 500g
설탕 50g
한천 분말(agar-agar) 5g
비폴렌(벌꿀화분) 25g

허니 아몬드 다쿠아즈

●

달걀흰자 180g
야생화 꿀(forest honey) 75g
아몬드 가루 160g
슈거파우더 160g

옐로 코팅

●

p. 338 재료 참조

오렌지 코팅

●

p. 338 재료 참조

완성 재료

●

비폴렌 25g

허니 가나슈 GANACHE MIEL

소스팬에 생크림을 넣고 끓을 때까지 가열한다. 볼에 달걀노른자와 꿀을 넣고 거품기로 휘저어 섞는다. 여기에 뜨거운 생크림을 조금 붓고 잘 섞은 뒤 다시 소스팬으로 옮겨 담는다. 계속 저으며 가열한다. 2분 정도 끓여 크렘 앙글레즈를 만든 뒤 젤라틴 매스를 넣고 핸드블렌더로 갈아 균일하게 혼합한다. 체에 거른 다음 마스카르포네를 넣고 섞어준다. 냉장고에 약 12시간 동안 넣어 휴지시킨다.

허니 아몬드 프랄리네 PRALINE AMANDE-MIEL

p. 343의 레시피를 참조해 허니 아몬드 프랄리네를 만든다.

허니 아몬드 크리스피 CROUSTILLANT AMANDE-MIEL

p. 336의 레시피를 참조해 허니 아몬드 크리스피를 만든다.

허니 아몬드 다쿠아즈 DACQUOISE AMANDE-MIEL

전동 스탠드 믹서 볼에 달걀흰자를 넣고 거품기를 돌려 단단하게 거품을 올린다. 소스팬에 꿀을 넣고 끓을 때까지 가열한다. 거품낸 달걀흰자에 뜨거운 꿀을 넣고 거품이 꺼지지 않도록 주의하며 실리콘 주걱으로 살살 섞어준다. 아몬드 가루와 슈거파우더를 함께 체에 친 다음 혼합물에 넣고 주걱으로 섞어준다. 다쿠아즈 혼합물을 짤주머니에 채워 넣는다. 지름 24cm 케이크 링 안에 혼합물을 1cm 두께로 짜 깔아준다. 170°C 오븐에서 16분간 굽는다.

허니 레몬 젤 GEL CITRON-MIEL

소스팬에 레몬즙을 넣고 끓인다. 미리 섞어둔 설탕, 한천 분말을 넣어준다. 젤 혼합물이 식으면 써머믹스 (Thermomix®)에 넣어 돌려준다. 매끈하게 풀어준 다음 잔탄검, 이어서 꿀을 넣어준다. 불규칙한 크기로 잘게 썬 레몬 과육을 넣고 잘 섞어준다.

비폴렌 젤 GEL POLLEN

소스팬에 레몬즙을 넣고 끓인다. 미리 섞어둔 설탕, 한천 분말을 넣어준다. 핸드블렌더로 갈아 혼합한다. 혼합물이 식으면 써머믹스(Thermomix®)에 넣어 돌려준다. 비폴렌을 넣고 섞어준다.

옐로 & 오렌지 코팅 ENROBAGES JAUNE & ORANGE

p. 338의 레시피를 참조해 노란색, 오렌지색 코팅 혼합물을 만든다.

조립하기 MONTAGE

전동 핸드믹서를 돌려 가나슈를 휘핑한다. 인서트를 만든다. 우선 다쿠아즈의 링을 조심스럽게 빼낸 다음 이 링 내벽에 아세테이트 띠지를 대준다. 허니 아몬드 크리스피를 2mm 두께로 고르게 링 안에 펼쳐 깔아준다. 그 위에 다쿠아즈 시트를 놓고 짤주머니로 허니 레몬 젤과 비폴렌 젤을 각각 방울방울 고르게 짜 넣어 시트 표면을 전부 덮어준다. 이 인서트의 높이는 최대 2.5cm를 넘지 않도록 한다. 인서트를 냉동실에 약 6시간 동안 넣어둔다. 지름 18cm 실리콘 케이크 틀(Pavoni®)의 바닥과 내벽에 가나슈를 짜 전부 덮어준다. 인서트를 정가운데 놓을 수 있도록 가나슈를 중앙 부분에 조금 더 도톰하게 짜준다. 인서트를 넣어준 다음 가나슈로 전부 덮어준다. 스패츌러로 밀어 표면을 깔끔하게 정리한다. 냉동실에 6시간 정도 넣어 굳힌다. 케이크 틀을 조심스럽게 제거한다.

파이핑 완성하기 POCHAGE

생토노레 깍지(n°.104)를 끼운 짤주머니에 휘핑한 가나슈를 채워 넣은 뒤 유산지 위에 꽃잎 모양을 짜 놓는다. 우선 큰 꽃잎을 짠다. 길게 직선 모양으로 짠 다음 끝에서 검지 한 마디 크기의 원을 그리는 듯한 동작으로 방향을 바꾸면서 출발점으로 다시 돌아오며 짜준다. 이같은 방식으로 꽃잎을 하나하나 서로 붙여가며 빙 둘러 짜 꽃의 형태를 완성한다. 가운데 부분에는 지름 4cm 정도의 원형 공간을 남겨둔다. 스프레이 건으로 노란색 코팅을 분사해 꽃잎 전체에 고르게 색을 입힌다. 이어서 주황색 코팅을 가장자리 쪽에 분사해 조금 더 진한 뉘앙스의 색을 표현한다. 완성된 꽃잎을 케이크 위에 조심스럽게 올려준다. 중앙의 빈 공간에 비폴렌 가루를 채워 꽃술을 완성한다. 냉장고에 4시간 동안 넣어둔다.

카멜리아
CAMÉLIA

티 가나슈
●

액상 생크림 780g
화이트 티 50g
화이트 커버처 초콜릿(ivoire) 175g
젤라틴 매스 42g
(젤라틴 가루 7g + 물 35g)

카다멈 아몬드 크리스피
●

볶지 않은 아몬드 500g
물 40g
설탕 130g
카카오 버터 50g
크리스피 푀양틴 100g
그린 카다멈 25g
소금(플뢰르 드 셀) 2g

레몬 아몬드 다쿠아즈
●

레몬 3개
달걀흰자 80g
설탕 35g
아몬드 가루 70g
밀가루 15g
슈거파우더 55g

카멜리아 젤
●

레몬즙 275g
화이트 티 15g
설탕 20g
한천 분말(agar-agar) 3g
잔탄검 1g
알로에베라 젤 100g

화이트 코팅
●

p. 338 재료 참조

완성 재료
●

데커레이션용 슈거파우더(Codineige®)

티 가나슈 GANACHE AU THÉ

하루 전, 소스팬에 생크림 분량의 반을 넣고 뜨겁게 가열한다. 찻잎을 넣고 불에서 내린 뒤 뚜껑을 덮어 약 10분 정도 향을 우려낸다. 다시 불에 올려 뜨겁게 가열한 뒤 체에 거르며 잘게 다진 초콜릿과 젤라틴 매스가 담긴 볼에 붓는다. 여기에 나머지 반 분량의 생크림을 넣고 핸드블렌더로 갈아 균일하게 혼합한다. 냉장고에 12시간 동안 넣어 휴지시킨다.

카다멈 아몬드 크리스피
CROUSTILLANT AMANDE-CARDAMOME VERTE

오븐팬에 아몬드를 펼쳐 놓은 뒤 100℃ 오븐에 넣어 1시간 동안 건조시킨다. 소스팬에 물과 설탕을 넣고 110℃까지 끓인다. 건조시킨 아몬드를 시럽에 넣고 설탕이 부슬부슬하게 묻을 때까지 잘 섞으며 가열한다. 불에서 내린 뒤 식힌다. 녹인 카카오 버터, 크리스피 푀양틴, 그린 카다멈 알갱이, 소금을 넣고 블렌더로 갈아준다.

레몬 아몬드 다쿠아즈 DACQUOISE AMANDE-CITRON

마이크로플레인 그레이터로 레몬 제스트를 갈아낸다. 전동 스탠드 믹서 볼에 달걀흰자를 넣고 설탕을 세 번에 나누어 넣어가며 거품기를 돌려 머랭을 만든다. 거품기를 들어올렸을 때 새 부리 모양으로 끝이 뾰족해질 때까지 단단하게 거품을 올린다. 함께 체에 쳐둔 아몬드 가루, 밀가루, 슈거파우더와 레몬 제스트를 넣고 거품이 꺼지지 않게 실리콘 주걱으로 살살 돌려가며 섞어준다. 짤주머니에 채워 넣은 뒤 지름 16cm 케이크 링 안에 짜 깔아준다. 170℃ 오븐에서 16분간 굽는다.

카멜리아 젤 GEL CAMÉLIA

소스팬에 레몬즙을 넣고 끓인다. 찻잎을 넣고 5분간 끓이며 향을 우려낸다. 설탕, 한천 분말, 잔탄검을 넣어준 다음 핸드블렌더로 갈아 혼합한다. 냉장고에 넣어 굳힌다. 다시 한 번 핸드블렌더로 갈아준다. 작은 큐브 모양으로 썬 알로에베라 젤을 넣고 섞어준다.

화이트 코팅 ENROBAGE BLANC

p. 338의 레시피를 참조한다.

조립하기 MONTAGE

전동 핸드믹서를 돌려 가나슈를 휘핑한다. 지름 16cm 케이크 링 안에 카다멈 아몬드 크리스피를 한 켜 깔아준다. 같은 크기로 구워낸 원반형 다쿠아즈 시트를 그 위에 놓는다. 그 위에 카멜리아 젤을 한 켜 덮어준다. 이 인서트를 냉동실에 6시간 정도 넣어둔다. 지름 18cm 실리콘 케이크 틀(Pavoni®)의 바닥과 내벽에 가나슈를 짜 깔아준다. 인서트를 정가운데 놓을 수 있도록 가나슈를 중앙 부분에 조금 더 도톰하게 짜준다. 인서트를 넣어준 다음 가나슈로 전부 덮어준다. 스패출러로 밀어 표면을 깔끔하게 정리한다. 냉동실에 6시간 정도 넣어 굳힌다. 케이크 틀을 조심스럽게 제거한다.

파이핑 완성하기 POCHAGE

생토노레 깍지(n°.125)를 끼운 짤주머니를 이용해 가나슈를 꽃잎 모양으로 짜준다. 우선 케이크 밑부분부터
시작해 위쪽 방향으로 짜준다. 깍지가 가로로 오도록 짤주머니를 잡고 크게 꽃잎을 짜며 둘러준다. 스프레이
건으로 화이트 코팅을 꽃잎 위에 전체적으로 분사해 고루 덮어준다. 데커레이션용 슈거파우더를 작은
체망에 거르며 얇게 뿌려준다. 냉장고에 4시간 동안 넣어둔다.

생토노레 깍지(n°.125)를 끼운 짤주머니를 이용해 가나슈를 꽃잎 모양으로 짜준다. 우선 케이크 밑부분부터
시작해 위쪽 방향으로 짜준다. 깍지가 가로로 오도록 짤주머니를 잡고 크게 꽃잎을 짜며 둘러준다. 스프레이
건으로 화이트 코팅을 꽃잎 위에 전체적으로 분사해 고루 덮어준다. 데커레이션용 슈거파우더를 작은
체망에 거르며 얇게 뿌려준다. 냉장고에 4시간 동안 넣어둔다.

자몽
PAMPLEMOUSSE

산초 가나슈

❀

액상 생크림 530g
우유 120g
일본 산쇼(초피나무 열매) 3g
화이트 초콜릿 145g
젤라틴 매스 25g
(젤라틴 가루 3.5g + 물 21.5g)

레몬 젤

❀

레몬즙 100g
설탕 10g
한천 분말(agar-agar) 2g

로즈 젤

❀

레몬 젤 100g
말린 장미꽃잎 50g

비스퀴 조콩드

❀

p. 335 재료 참조

옐로 코팅

❀

p. 338 재료 참조

핑크 코팅

❀

p. 338 재료 참조

자몽 산초 마멀레이드 인서트

❀

레몬즙 150g
설탕 15g
한천 분말(agar-agar) 2.5g
잔탄검 1g
자몽 콩피 75g
자몽 제스트 25g
자몽 생과육 75g
일본 산쇼(초피 가루) 1g
일본 산쇼(초피나무 열매) 1g

완성 재료

❀

자몽 1개

산초 가나슈 GANACHE BAIES DE SANSHO

하루 전, 소스팬에 생크림 분량의 반, 우유, 초피나무 열매를 넣고 뜨겁게 가열한다. 뜨거운 상태에서 잘게 다진 초콜릿과 젤라틴 매스가 담긴 볼에 붓는다. 여기에 나머지 분량의 생크림을 넣고 핸드블렌더로 갈아 균일하게 혼합한다. 체에 거른다. 냉장고에 12시간 동안 넣어 휴지시킨다.

비스퀴 조콩드 BISCUIT JOCONDE

p. 335의 레시피를 참조해 비스퀴 조콩드 스펀지 시트를 만든다.

자몽 산초 마멀레이드 인서트 INSERT MARMELADE PAMPLEMOUSSE-SANSHO

소스팬에 레몬즙을 넣고 끓을 때까지 가열한다. 미리 섞어둔 설탕과 한천 분말을 넣고 잘 섞어준다. 혼합물이 식으면 써머믹스(Thermomix®)에 넣어 돌려준다. 젤을 잘 풀어준 다음 잔탄검을 넣는다. 자몽 콩피, 자몽 제스트, 자몽 과육을 작은 큐브 모양으로 썰어 넣어준다. 초피 열매와 가루를 넣고 잘 섞는다. 지름 16cm, 높이 1cm 틀 안에 이 마멀레이드를 부어준다. 냉동실에 4시간 동안 넣어 굳힌다.

레몬 젤 GEL CITRON

소스팬에 레몬즙을 넣고 끓을 때까지 가열한다. 미리 섞어둔 설탕과 한천 분말을 넣고 핸드블렌더로 갈아 혼합한다. 냉장고에 넣어 굳힌다.

로즈 젤 GEL ROSE

레몬 젤에 식용 장미꽃잎을 넣고 핸드블렌더로 갈아 혼합한다.

옐로 코팅 ENROBAGE JAUNE

p. 338의 레시피를 참조한다.

핑크 코팅 ENROBAGE ROSE

p. 338의 레시피를 참조한다.

조립하기 MONTAGE

전동 핸드믹서를 돌려 가나슈를 휘핑한다. 지름 16cm 케이크 링 안에 아세테이트 띠지를 둘러준 다음 원반형 비스퀴 조콩드 시트를 깔아준다. 그 위에 가나슈를 얇게 한 켜 덮어준다. 냉동실에 얼려 둔 마멀레이드 인서트를 넣어준다. 로즈 젤을 한 켜 덮어준 다음 스패출러로 밀어 매끈하게 정리한다. 냉동실에 6시간 정도 넣어둔다. 지름 18cm 실리콘 케이크 틀(Pavoni®)의 바닥과 내벽에 가나슈를 짜 깔아준다. 인서트를 정가운데 놓을 수 있도록 가나슈를 중앙 부분에 조금 더 도톰하게 짜준다. 냉동실에서 꺼낸 인서트를 넣어준 다음 가나슈로 전부 덮어준다. 스패출러로 밀어 표면을 매끈하게 정리한다. 냉동실에 6시간 정도 넣어 굳힌다. 케이크 틀을 조심스럽게 제거한다.

파이핑 완성하기 POCHAGE

Step 1

생토노레 깍지(n°. 125)를 끼운 짤주머니에 휘핑한 가나슈를 채워 넣은 뒤 케이크 바깥쪽 면에 곡선으로 빙 둘러가며 장미꽃잎 모양을 짜 놓는다.

Step 2

생토노레 깍지(n°. 125)를 이용해 케이크 안쪽에 띠 모양으로 가나슈를 짜 얹는다. 이때 방향은 일정하게 맞추지 않고 자유로운 형태로 짜주면 된다.

Step 3

원형 깍지(n°.4)를 끼운 짤주머니로 케이크 중앙에 가나슈를 꽃술 모양으로 짜 놓는다.

스프레이 건으로 노란색 코팅을 분사해 케이크의 가장자리를 제외한 약 3/4 정도를 고루 덮어준다. 가장자리 아랫부분에는 분홍색 코팅을 분사해 입혀준다. 자몽의 껍질을 벗긴 뒤 조각으로 분리한 다음 전자레인지에서 넣고 15~30초간 돌린다. 속껍질을 잘라 과육 펄프만 꺼낸다. 잘게 분리한 자몽 과육을 케이크 중앙에 올려 꽃술을 완성한다.

라일락
LiLAS

슈 반죽 비스퀴

●

우유 10g
버터 25g
밀가루(T45) 35g
달걀 45g
달걀노른자 40g
달걀흰자 80g
설탕 55g
블루베리 생과 20알

커스터드 가나슈

●

액상 생크림 200g
달걀노른자 85g
설탕 40g
젤라틴 매스 17g
(젤라틴 가루 2.5g + 물 14.5g)
더블크림 330g
레몬즙 35g
마스카르포네 330g

블루베리 라일락 젤

●

블루베리 주스 400g
라일락 꽃 15g
설탕 40g
한천 분말(agar-agar) 6g
잔탄검 2g

화이트 코팅

●

p. 338 재료 참조

완성 재료

●

블루베리 생과 20알

슈 반죽 비스퀴 BISCUIT PÂTE À CHOUX

소스팬에 우유와 버터를 넣고 끓을 때까지 가열한다. 1~2분간 끓인 뒤 밀가루를 넣고 잘 섞으며 반죽이 냄비 내벽에 더 이상 달라붙지 않을 때까지 약불에서 익힌다. 반죽을 전동 스탠드 믹서 볼에 넣고 수분이 날아가도록 플랫비터를 돌려 섞어준다. 달걀과 달걀노른자를 3번에 나누어 넣으며 계속 섞어준다. 다른 볼에 달걀흰자를 넣고 거품을 올린다. 설탕을 3번에 나누어 넣어가며 계속 거품기를 돌려 머랭을 만든다. 거품기를 들어올렸을 때 새 부리처럼 끝이 뾰족한 상태가 되면 완성된 것이다. 거품낸 머랭을 슈 반죽 혼합물에 3번에 나누어 넣으며 주걱으로 매끈하고 균일하게 섞어준다. 지름 20cm 케이크 링 안에 슈 반죽을 짤주머니로 짜 넣어 깔아준다. 반죽에 블루베리를 고루 박아 넣은 뒤 165℃ 오븐에서 20~25분간 굽는다. 중간에 오븐 문을 한 번 열어 살짝 증기를 빼준다. 꺼내서 식힌다.

커스터드 가나슈 GANACHE CRÉMEUSE

소스팬에 생크림을 넣고 끓을 때까지 가열한다. 볼에 달걀노른자와 설탕을 넣고 거품기로 저어 섞는다. 여기에 뜨거운 생크림을 조금 부어 섞은 다음 다시 소스팬으로 모두 옮겨 담고 가열해 크렘 앙글레즈를 만든다. 약 2분간 끓인 뒤 젤라틴 매스, 미리 레몬즙과 섞어둔 더블크림을 넣고 핸드블렌더로 갈아 혼합한다. 체에 거른 뒤 마스카르포네를 넣고 섞는다. 냉장고에 12시간 동안 넣어 휴지시킨다.

블루베리 라일락 젤 GEL MYRTILLE-LILAS

소스팬에 블루베리 주스와 라일락 꽃을 넣고 끓을 때까지 가열한다. 설탕, 한천 분말, 잔탄검을 넣고 핸드 블렌더로 갈아 혼합한다. 냉장고에 넣어 굳힌다.

화이트 코팅 ENROBAGE BLANC

p. 338의 레시피를 참조한다.

조립하기 MONTAGE

전동 핸드믹서를 돌려 가나슈를 휘핑한다. 슈 비스퀴의 링을 조심스럽게 제거한다. 같은 사이즈의 새 링 안에 아세테이트 띠지를 두른다. 띠지는 링 높이보다 1~2cm 정도 높이 올라오도록 한다. 슈 비스퀴를 링 안에 넣어 깔아준 다음 그 위에 블루베리 라일락 젤을 한 켜 펴 발라준다. 블루베리 생과를 고루 얹어준 다음 블루베리 라일락 젤을 최대한 매끈하게 덮어준다. 냉동실에 1시간 정도 넣어둔다. 지름 18cm 실리콘 케이크 틀(Pavoni®)의 바닥과 내벽에 가나슈를 짜 깔아준다. 인서트를 정가운데 놓을 수 있도록 가나슈를 중앙 부분에 조금 더 도톰하게 짜준다. 냉동실에서 꺼낸 인서트를 넣어준 다음 가나슈로 전부 덮어준다. 스패출러로 밀어 표면을 매끈하게 정리한다. 냉동실에 1시간 정도 넣어 굳힌다.

파이핑 완성하기 POCHAGE

생토노레 깍지(n°.125)를 끼운 짤주머니에 가나슈를 채운다. 턴테이블 위에 케이크를 올린 뒤 회전시키면서 가나슈를 한 번에 짜준다. 짤주머니를 60도 각도로 기울여 손에 든 다음 케이크 아랫부분부터 시작해 작은 물결을 그리듯이 손목을 움직여 짜준다. 조금씩 위쪽으로 올라가며 계속 가나슈를 짜준다. 스프레이 건으로 화이트 코팅을 분사해 고루 입혀준다.

트로페지엔
TROPÉZiENNE

브리오슈 반죽

●

밀가루 250g
소금 6g
설탕 30g
베이킹파우더 10g
달걀 112g
우유 38g
버터 25g
펄슈거

바닐라 가나슈

●

액상 생크림 312g
바닐라 빈 1줄기
화이트 커버처 초콜릿(ivoire) 70g
젤라틴 매스 18g
(젤라틴 가루 2.5g + 물 15.5g)

시럽

●

오렌지 ¼개
레몬 ¼개
라임 ¼개
자몽 ¼개
물 250g
설탕 250g
오렌지 블러섬 워터 125g

크렘 디플로마트

●

p. 336 재료 참조

바닐라 크렘 파티시에

●

우유 120g
액상 생크림 20g
바닐라 빈 1줄기
달걀 40g
설탕 35g
커스터드 분말 10g
버터 15g
마스카르포네 30g

브리오슈 반죽 PÂTE À BRIOCHE

전동 스탠드 믹서 볼에 밀가루, 소금, 설탕, 베이킹파우더, 달걀, 우유를 넣고 도우훅을 1단계 저속으로 35분간 돌려 반죽한다. 버터를 첨가한 다음 속도 2단계로 8분간 돌려 섞는다. 반죽을 냉장고에 넣어 10시간 동안 휴지시킨다. 반죽을 지름 18cm 꽃모양 틀 안에 반죽을 채워 넣은 뒤 24~25℃에서 2시간 30분 동안 발효시킨다. 손가락으로 반죽을 살짝 눌러준다. 펄슈거를 뿌린 뒤 170℃ 오븐에서 12~13분간 굽는다.

시럽 SIROP D'IMBIBAGE

오렌지, 레몬, 라임, 자몽의 껍질 제스트를 필러로 얇게 저며낸다. 소스팬에 제스트, 설탕, 오렌지 블러섬 워터, 물 250g을 넣고 103℃까지 끓인다. 식힌 다음 시럽을 체에 거른다. 브리오슈에 시럽을 붓으로 발라 적셔준다.

바닐라 크렘 파티시에 CRÈME PÂTISSIÈRE VANILLE

p. 336의 레시피를 참조해 크렘 파티시에를 만든다.

바닐라 가나슈 GANACHE VANILLE

하루 전, 소스팬에 생크림을 넣고 뜨겁게 가열한다. 길게 갈라 긁은 바닐라 빈을 넣고 불에서 내린 뒤 뚜껑을 덮고 약 10분간 향을 우려낸다. 잘게 썬 초콜릿과 젤라틴 매스를 넣은 볼에 뜨거운 생크림을 붓고 핸드블렌더로 갈아 균일하고 매끈한 가나슈를 만든다. 체에 거른다. 냉장고에 약 12시간 동안 넣어 휴지시킨다.

크렘 디플로마트 CRÈME DIPLOMATE

p. 336의 레시피를 참조해 크렘 디플로마트를 만든다.

조립하기 MONTAGE

브리오슈를 조심스럽게 틀에서 꺼낸 다음 가로로 잘라 이등분한다. 원형 깍지(n°.20)를 끼운 짤주머니에 크렘 디플로마트를 채워 넣은 뒤 브리오슈 아랫장 표면 전체에 동글동글한 모양으로 짜 놓는다. 브리오슈 윗장을 덮어 완성한다.

사쿠라
SAKURA

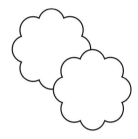

벚꽃 가나슈

●

액상 생크림 1kg
달걀노른자 100g
설탕 50g
젤라틴 매스 21g
(젤라틴 가루 3g + 물 18g)
벚꽃 페이스트 150g
마스카르포네 400g

비스퀴 조콩드

●

달걀 140g
슈거파우더 105g
아몬드 가루 105g
벚꽃 차 분말 50g
밀가루(T55) 30g
버터 20g
달걀흰자 90g
설탕 15g
자몽 제스트 25g

호지차 유자 젤

●

레몬즙 500g
호지차 30g
설탕 50g
한천 분말(agar-agar) 8g
잔탄검 3g
유자 콩피(당절임 유자) 150g

핑크 코팅

●

p. 338 재료 참조

화이트 코팅

●

p. 338 재료 참조

완성 재료

●

데커레이션용 슈거파우더(Codineige®)

벚꽃 가나슈 GANACHE FLEUR DE CERISIER

소스팬에 생크림을 넣고 끓을 때까지 가열한다. 볼에 달걀노른자와 설탕을 넣고 거품기로 저어 섞어준다. 뜨거운 생크림을 여기에 조금 붓고 잘 섞은 뒤 다시 소스팬으로 옮겨 담고 가열한다. 약 2분 정도 끓여 크렘 앙글레즈를 만든다. 여기에 젤라틴 매스와 벚꽃 페이스트를 넣고 핸드블렌더로 갈아 혼합한다. 체에 걸러 내린 뒤 마스카르포네를 넣고 섞는다. 냉장고에 넣어 약 12시간 동안 휴지시킨다.

비스퀴 조콩드 스펀지 BISCUIT JOCONDE

전동 스탠드 믹서 볼에 달걀과 슈거파우더, 아몬드 가루, 벚꽃 차 분말을 넣고 거품기를 돌려 섞어준다. 밀가루, 녹인 버터를 넣고 섞어준다. 다른 볼에 달걀흰자를 넣고 설탕을 넣어가며 거품을 올린다. 여기에 자몽 제스트를 넣어준다. 두 혼합물을 섞어준다. 실리콘 패드를 깐 오븐팬 위에 반죽 혼합물을 펼쳐 놓는다. 180℃ 오븐에서 10분간 굽는다. 꺼내서 식힌 다음 원형 커터를 사용해 지름 16cm 원형 시트 한 장을 잘라낸다.

호지차 유자 젤 GEL THE-YUZU

소스팬에 레몬즙을 넣고 끓을 때까지 가열한다. 호지차를 넣고 5분 정도 끓인다. 설탕, 한천 분말, 잔탄검을 넣고 블렌더로 갈아 혼합한다. 냉장고에 넣어 굳힌 다음 다시 한 번 블렌더로 갈아준다. 유자 콩피를 넣고 잘 섞어준다.

핑크 & 화이트 코팅 ENROBAGES ROSE & BLANC

p. 338의 레시피를 참조해 핑크색과 화이트 초콜릿 코팅 혼합물을 만든다.

조립하기 MONTAGE

가나슈를 핸드믹서로 돌려 휘핑해준다. 지름 16cm 링의 내벽에 아세테이트 띠지를 둘러준 다음 같은 크기로 잘라두었던 비스퀴 조콩드 시트를 깔아준다. 그 위에 호지차 유자 젤을 최대한 매끄럽게 한 켜 깔아준다. 냉동실에 약 6시간 동안 넣어둔다. 지름 18cm 실리콘 케이크 틀(Pavoni®) 안쪽 면 전체에 가나슈를 짜 넣는다. 인서트를 정중앙에 놓기 편하도록 중앙 부분에는 가나슈를 조금 더 짜 넣는다. 냉동실에 넣어두었던 인서트를 틀 중앙에 놓는다. 가나슈를 짜 전체적으로 덮어준 다음 스패츌러로 매끈하게 정리한다. 냉동실에 6시간 동안 넣어 굳힌다.

파이핑 완성하기 POCHAGE

생토노레 깍지(n°.104)를 끼운 짤주머니를 이용해 가나슈로 꽃모양 파이핑을 진행한다. 우선 가나슈로
작은 볼 모양을 짠 다음 냉동실에 넣어 굳힌다. 이것을 나무 꼬치(또는 이쑤시개)로 찍어 한 손에 든 다음
짤주머니로 5개의 꽃잎을 빙 둘러 짜준다. 중앙에는 짧은 막대 모양을 여러개 짜 넣어 꽃술 모양을 표현한다.
냉동실에 넣어 굳힌다. 화이트 코팅을 스프레이로 분사해 씌운 다음 가장자리에는 핑크색 코팅을 분사해
베일처럼 은은하게 색을 입힌다. 완성된 꽃들을 케이크 위에 보기 좋게 배치한다. 데커레이션용 슈거파우더
(Codineige®)를 얇게 솔솔 뿌려준다.

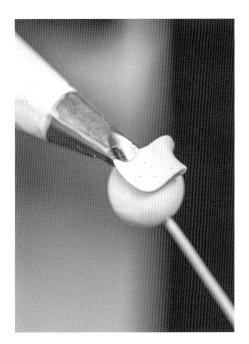

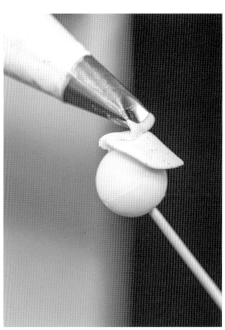

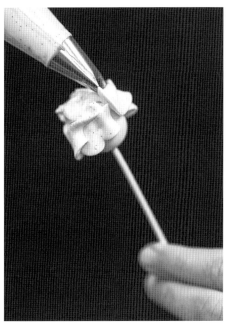

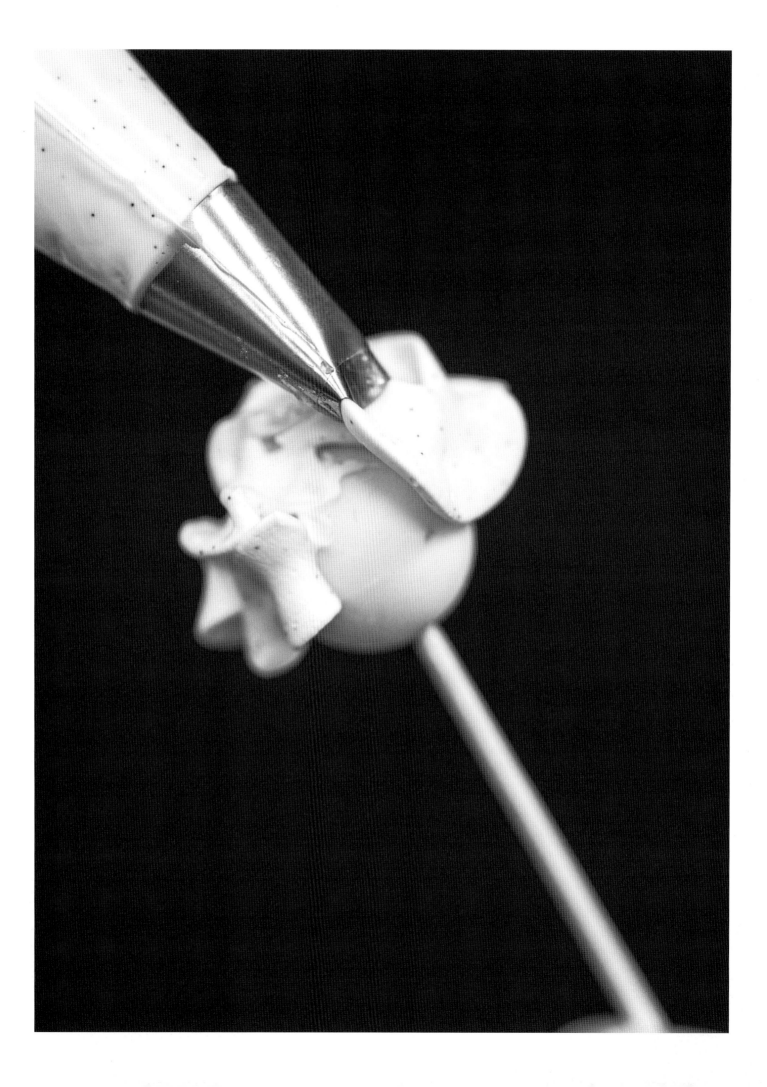

양귀비꽃
COQUELICOT

비멸균 생크림 가나슈
●

액상 생크림 200g
달걀노른자 85g
설탕 40g
젤라틴 매스 17g
(젤라틴 가루 2.5g + 물 14.5g)
마스카르포네 330g
비멸균 생크림(crème fraîche crue) 150g
식용 색소(차콜 블랙) 1g

아몬드 포피씨드 크리스피
●

설탕 35g
크리스피 푀양틴 100g
아몬드 100g
포피씨드(베이킹용 양귀비 씨) 20g
포도씨유 10g
카카오 버터 10g

슈 반죽 비스퀴
●

우유 10g
버터 25g
밀가루(T45) 35g
달걀 45g
달걀노른자 40g
달걀흰자 80g
설탕 55g
딸기 10개

루비 레드 글레이즈
●

액상 생크림 400g
감자 전분 6g
젤라틴 매스 42g
(젤라틴 가루 6g + 물 36g)
지용성 식용 색소(레드) 5g

딸기 양귀비꽃 젤
●

딸기즙 400g
설탕 40g
한천 분말(agar-agar) 6g
잔탄검 2g
슈거 코팅 양귀비 꽃잎 5g

루비 레드 코팅
●

p. 338 참조

조립, 파이핑
●

포피씨드

비멸균 생크림 가나슈 GANACHE CRÈME CRUE

소스팬에 생크림을 넣고 끓을 때까지 가열한다. 볼에 달걀노른자와 설탕을 넣고 거품기로 저어 섞어준다. 뜨거운 생크림을 여기에 조금 붓고 잘 섞은 뒤 다시 소스팬으로 옮겨 담고 가열한다. 약 2분 정도 끓여 크렘 앙글레즈를 만든다. 여기에 젤라틴 매스를 넣고 핸드블렌더로 갈아 혼합한다. 체에 걸러 내린 뒤 마스카르포네와 비멸균 생크림을 넣고 섞는다. 냉장고에 넣어 약 12시간 동안 휴지시킨다. 이 가나슈의 150g을 따로 덜어내 차콜 블랙 식용 색소와 섞어준다. 냉장고에 보관한다.

슈 반죽 비스퀴 BISCUIT PÂTE À CHOUX

소스팬에 우유와 버터를 넣고 끓을 때까지 가열한다. 약 1~2분간 끓인다. 밀가루를 넣고 반죽이 냄비 벽에서 쉽게 떨어질 때까지 약불에서 잘 저으며 섞어준다. 혼합물을 전동 스탠드 믹서 볼에 넣고 플랫비터를 돌려 수분이 날아가도록 잘 섞어준다. 이어서 달걀과 달걀노른자를 세 번에 나누어 넣으며 섞어준다. 다른 볼에 달걀흰자를 넣고 설탕을 세 번에 나누어 넣어가며 거품을 올린다. 거품기를 들어올렸을 때 끝이 새 부리 모양이 될 때까지 단단한 머랭을 만든다. 이 머랭을 슈 반죽 안에 세 번에 나누어 넣으며 살살 섞어 매끈하고 균일한 혼합물을 완성한다. 짤주머니에 채워 넣은 뒤 지름 18cm 링 안에 짜 넣는다. 반으로 자른 딸기를 시트 반죽 안에 박아 넣는다. 165℃ 오븐에서 20~25분간 굽는다. 수분이 응결되는 것을 막기 위해 중간에 오븐 문을 살짝 열어 증기를 빼준다. 오븐에서 꺼낸 뒤 식힌다.

딸기 양귀비꽃 젤 GEL FRAISE-COQUELICOT

소스팬에 딸기즙을 넣고 끓을 때까지 가열한 다음 설탕, 한천 분말, 잔탄검을 넣고 블렌더로 갈아 혼합한다. 냉장고에 넣어 굳힌다. 설탕 코팅한 양귀비 꽃잎을 넣고 다시 한 번 블렌더로 갈아준다.

아몬드 포피씨드 크리스피 CROUSTILLANT AMANDE-PAVOT

소스팬에 설탕을 넣고 가열해 캐러멜 30g을 만든다. 덜어내 굳을 때까지 식힌다. 블렌더에 크리스피 푀양틴을 넣고 따로 갈아준다. 이어서 캐러멜과 아몬드, 포피씨드에 포도씨유를 조금씩 넣어가며 갈아준다. 전동 스탠드 믹서에 재료를 모두 넣고 녹인 카카오 버터를 넣어가며 플랫비터를 돌려 잘 섞어준다.

루비 레드 글레이즈 GLAÇAGE RUBIS

소스팬에 생크림을 넣고 끓을 때까지 가열한다. 전분을 넣고 잘 저어 섞은 뒤 다시 끓인다. 젤라틴 매스와 색소를 넣어준다. 핸드블렌더로 갈아 혼합한 뒤 체에 걸러 내린다.

루비 레드 코팅 ENROBAGE RUBIS

p. 338의 레시피를 참조해 루비 레드 코팅 혼합물을 만든다.

조립하기 MONTAGE

가나슈를 핸드믹서로 돌려 휘핑해준다. 식힌 비스퀴를 조심스럽게 링에서 분리한다. 지름 18cm 링 바닥에 크리스피를 얇게 한 켜 깔아준 다음 원형 비스퀴 시트를 놓는다. 그 위에 딸기 양귀비꽃 젤을 한 켜 깔아 덮어준다. 인서트 총 높이가 2.5cm를 넘지 않도록 한다. 냉동실에 4시간 동안 넣어둔다. 지름 18cm 실리콘 케이크 틀(Pavoni®) 안쪽 면 전체에 가나슈를 짜 넣는다. 인서트를 정중앙에 놓기 편하도록 중앙 부분에는 가나슈를 조금 더 짜 넣는다. 냉동실에 넣어두었던 인서트를 틀 중앙에 놓는다. 가나슈를 짜 전체적으로 덮어준 다음 스패출러로 매끈하게 정리한다. 냉동실에 6시간 동안 넣어 굳힌다. 케이크를 그릴망 위에 놓고 루비 레드 글레이즈를 끼얹어 씌워준다. 포피씨드를 가장자리에 빙 둘러 붙여 장식한다.

파이핑 완성하기 POCHAGE

생토노레 깍지(n°.104)를 끼운 짤주머니에 가나슈를 채워 넣는다. 지름 4.5cm 반구형 실리콘 틀의 둥근 바깥면 위에 넓은 꽃잎 4장을 짜 올린다. 냉동실에 넣어 굳힌다. 조심스럽게 틀에서 떼어낸 다음 꽃을 뒤집어 놓는다. 루비 레드 코팅을 스프레이 건으로 분사해 고르게 색을 입힌다. 꽃들을 케이크 위에 배치한다. 차콜 블랙 색소를 넣은 가나슈를 휘핑한다. 지름 2mm의 원형 깍지를 끼운 짤주머니에 비멸균 생크림 가나슈를 채운 뒤 꽃 가운데에 작은 막대 모양으로 짜 꽃술을 표현한다. 이 둘레에 차콜 블랙 가나슈를 같은 꽃술 모양으로 짜 넣는다. 포피씨드로 장식한 다음 먹기 전까지 냉장고에 4시간 동안 넣어둔다.

크로캉부슈
CROQUEMBOUCHE

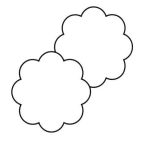

슈 반죽
❋

물 200g
우유 200g
소금 8g
설탕 16g
버터 180g
밀가루(T65) 220g
달걀 360g
펄슈거

바닐라 크렘 파티시에
❋

우유 420g
액상 생크림 75g
바닐라 빈 1줄기
달걀노른자 135g
설탕 120g
커스터드 분말 36g
버터 45g
마스카르포네 90g

생토노레 캐러멜
❋

설탕 30g
누가섹(nougasec)* 8g
물 15g
글루코스 8g
이소말트 250g

누가틴
❋

설탕 500g
글루코스 500g
굵직하게 부순 아몬드 400g

* nougasec : 캐러멜에 습기가 생기는 것을 막아 누가틴, 누가 등의 보존성을 높여준다. 설탕과 혼합해 사용한다.

슈 반죽 PÂTE À CHOUX

소스팬에 물, 우유, 소금, 설탕, 버터를 넣고 끓을 때까지 가열한다. 약 1~2분간 끓인다.
밀가루를 넣고 반죽이 냄비 벽에서 쉽게 떨어질 때까지 약불에서 잘 저으며 섞어준다. 혼합물을 전동 스탠드 믹서 볼에 넣고 플랫비터를 돌려 수분이 날아가도록 잘 섞어준다. 이어서 달걀을 세 번에 나누어 넣으며 섞어준다. 냉장고에 2시간 동안 넣어둔다. 실리콘 패드(Silpain®)를 깐 오븐팬 위에 슈 반죽을 지름 5~6cm 크기로 동그랗게 짜준다. 그중 ¼에 펄슈거를 뿌려준다. 175℃로 예열한 데크 오븐에서 30분간 굽는다(일반 오븐의 경우는 우선 260℃로 예열한 후 슈를 넣고 바로 오븐을 끈 상태로 15분간 굽는다. 이어서 오븐을 다시 켜 160℃에서 10분간 더 굽는다). 식힌다.

바닐라 크렘 파티시에 CRÈME PÂTISSIÈRE VANILLE

소스팬에 우유와 생크림을 넣고 끓을 때까지 가열한다. 불에서 내린 뒤 길게 갈라 긁은 바닐라 빈을 넣고 뚜껑을 덮어 약 10분간 향을 우려낸다. 다시 불에 올려 끓인다. 체에 거른다. 바닥이 둥근 볼에 달걀노른자와 설탕, 커스터드 분말을 넣고 색이 뽀얗게 될 때까지 거품기로 휘저어 섞는다. 여기에 끓는 우유와 생크림을 붓고 잘 섞은 뒤 다시 소스팬으로 옮겨 담고 불에 올린다. 2분간 끓인 뒤 버터와 마스카르포네를 넣고 섞어준다. 바닐라 크렘 파티시에를 슈 안에 넉넉히 채워 넣는다.

생토노레 캐러멜 CARAMEL SAINT-HONORÉ

설탕과 누가섹을 미리 섞어둔 다음 물, 글루코스와 함께 소스팬에 넣고 끓인다. 다른 소스팬에 이소말트를 넣고 가열한다. 이소말트 온도가 150℃에 달하면 첫 번째 소스팬에 넣고 끓여 갈색 캐러멜을 만든다.

누가틴 NOUGATINE

소스팬에 설탕과 글루코스를 넣고 185℃까지 가열한다. 굵게 다진 아몬드를 넣고 잘 저어 섞으며 약 2분간 캐러멜라이즈한다. 실리콘 패드(Silpat®) 위에 지름 18cm 크기의 꽃모양 틀을 여러개 놓고 그 안에 누가틴 혼합물을 부어 넣는다. 상온에서 굳힌다.

크로캉부슈 조립하기 MONTAGE DU CROQUEMBOUCHE

식은 슈(펄슈거 뿌리지 않은 것)에 나무 꼬치를 찌른 뒤 동그랗게 부푼 윗 부분을 뜨거운 캐러멜에 담갔다 빼준다. 잠깐 동안 식힌다. 꽃모양 누가틴 판 위에 캐러멜을 묻힌 슈와 펄슈거를 뿌린 슈를 교대로 하나씩 빙 둘러 붙여준다. 슈의 봉긋한 면이 바깥쪽을 향하도록 놓고 꽃잎 모양마다 하나씩 붙인다. 그 위에 다른 누가틴을 한 장 얹은 뒤 마찬가지 방법으로 슈를 빙 둘러 붙여준다. 같은 작업을 반복하여 올려가며 크로캉부슈를 완성한다.

라벤더
LAVANDE

라벤더 가나슈

❀

액상 생크림 800g
라벤더 25g
화이트 커버처 초콜릿(ivoire) 215g
젤라틴 매스 14g
(젤라틴 가루 2g + 물 12g)

살구 마멀레이드

❀

살구 퓌레 600g
잔탄검 6g
아스코르빅산 6g
생살구(깍둑 썬다) 200g

바바 반죽

❀

p. 341 재료 참조

라벤더 글레이즈

❀

투명 나파주(nappage neutre) 100g
라벤더 꽃 10g

바바 시럽

❀

p. 343 재료 참조

블루 초콜릿 코팅

❀

카카오 버터 100g
화이트 초콜릿 100g
식용 색소(블루) 2g
식용 색소(블랙) 1g

라벤더 가나슈 GANACHE LAVANDE

하루 전, 소스팬에 생크림 분량의 반, 라벤더를 넣고 끓을 때까지 가열한다. 불에서 내린 뒤 뚜껑을 덮고 약 5분간 향을 우려낸다. 다시 불에 올려 끓을 때까지 가열한다. 핸드블렌더로 갈아 혼합한다. 뜨거운 생크림을 체에 거르며 잘게 썬 화이트초콜릿과 젤라틴 매스가 담긴 볼에 부어준다. 나머지 분량의 생크림을 넣고 핸드블렌더로 갈아 균일한 혼합물을 만든다. 냉장고에 약 12시간 동안 넣어 휴지시킨다.

바바 반죽 PÂTE À BABA

p. 341의 레시피를 참조해 바바 반죽을 만든다.
파운드케이크 틀 안에 바바 반죽을 채워 넣는다. 180℃로 예열한 오븐에 넣어 15분간 구운 뒤 온도를 160℃로 낮춰 15분, 이어서 140℃에서 6분간 굽는다.

바바 시럽 SIROP BABA

p. 343의 레시피를 참조해 바바 시럽을 만든다.

살구 마멀레이드 MARMELADE ABRICOT

살구 퓌레에 잔탄검과 아스코르빅산을 넣고 핸드블렌더로 갈아 혼합한다. 작게 깍둑 썬 살구 과육을 넣고 잘 섞은 뒤 냉장고에 보관한다.

라벤더 글레이즈 NAPPAGE LAVANDE

소스팬에 투명 나파주와 라벤더 꽃을 넣고 잘 섞으며 끓을 때까지 가열한다.

블루 코팅 ENROBAGE BLEU

카카오 버터를 녹인 뒤 잘게 썬 화이트 초콜릿 위에 붓는다. 식용 색소를 넣고 핸드블렌더로 갈아 균일하게 혼합한다.

조립하기 MONTAGE

소스팬에 바바 시럽을 넣고 62 ℃까지 가열한다. 바바를 시럽에 완전히 담은 뒤 12시간 동안 휴지시킨다. 다음 날 시럽에서 바바를 꺼낸 다음 다시 원래의 틀에 넣는다. 살구 마멀레이드를 한 켜 발라준다. 냉동실에 4시간 동안 넣어둔다.

파이핑 완성하기 POCHAGE

바바를 케이크 틀에서 조심스럽게 꺼낸다. 전동 핸드믹서를 돌려 가나슈를 휘핑한다. 생토노레 깍지(n°.104)를 끼운 짤주머니에 휘핑한 가나슈를 채워 넣은 다음 바바 위에 길죽한 선 모양으로 겹겹이 짜준다. 매 선마다 끝부분에서 손목을 가볍게 틀어주며 방향을 꺾어 다음 선으로 이어준다. 중앙 부분은 비워둔다. 블루 코팅 스프레이를 분사해 바바에 벨벳 느낌으로 고루 색을 입혀준다. 중앙 빈 부분에 라벤더 글레이즈를 채워 넣는다.

라즈베리 샌드
LUNETTE FRAMBOISE

사블레 비에누아
●

바닐라 빈 1줄기
버터(상온의 포마드 상태) 210g
소금(플뢰르 드 셀) 3g
슈거파우더 70g
달걀흰자 40g
밀가루(T55) 250g

라즈베리 잼
●

잘 익은 라즈베리 475g
라즈베리 즙 70g
설탕 145g
글루코스 분말 50g
펙틴 NH 10g
주석산 3g

사블레 비에누아 SABLÉ VIENNOIS

바닐라 빈 줄기를 길게 갈라 가루를 긁어낸다. 남은 줄기 껍질은 160℃ 오븐에서 20분간 로스팅한 다음
블렌더로 갈아 가루를 만든다. 상온에 두어 부드러워진 버터와 소금, 바닐라 빈 가루, 바닐라 빈 줄기를
간 가루를 모두 볼에 넣고 주걱으로 잘 섞어준다. 체에 친 슈거파우더, 이어서 달걀흰자, 체에 친 밀가루를
순서대로 하나씩 넣고 잘 섞어 균일한 반죽을 만든다. 이 반죽의 반을 지름 18cm 꽃모양 틀 바닥에 짜
깔아준다. 또 하나의 같은 모양의 틀 안에 반죽 나머지 반은 짜 깔아준다. 두 개의 사블레 비에누아를 170℃
오븐에서 약 20분간 굽는다. 틀이 한 개밖에 없는 경우에는 순차적으로 하나씩 만들어 구워도 상관없다.
구워낸 두 개의 사블레 중 한 개에 눈물 방울 모양의 작은 쿠키커터를 이용해 꽃잎마다 한 개씩 구멍을
찍어낸다. 사블레 중앙에도 눈물 8개로 이루어진 꽃모양 구멍을 찍어낸다.

라즈베리 잼 CONFITURE DE FRAMBOISE

소스팬에 라즈베리를 넣고 라즈베리 즙을 조금씩 넣어가며 약 30분간 뭉근히 익혀준다. 나머지 재료를 모두
넣고 잘 섞은 뒤 1분간 끓인다. 냉장고에 넣어둔다.

조립하기 MONTAGE DU GÂTEAU

구멍을 내지 않은 사블레 비스퀴 위에 라즈베리 잼을 넉넉히 짜 올린다. 가장자리는 조금 공간을 남겨둔다.
눈물방울 모양으로 구멍을 낸 나머지 사블레를 그 위에 올려 덮어준다. 위에 얹은 사블레의 구멍에 라즈베리
잼을 짜 넣어 채운다.

여름

ÉTÉ

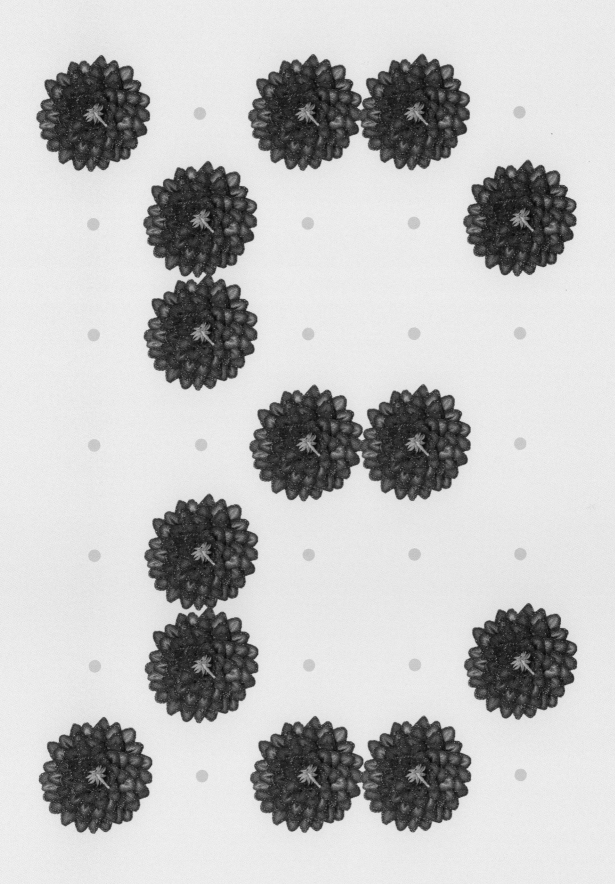

바닐라
VANiLLE

바닐라 가나슈
●
p. 340 재료 참조

파트 쉬크레
●
p. 342 재료 참조

바닐라 크리스피
●
p. 337 재료 참조

밀크 잼
●
가당 연유 120g
바닐라 펄(또는 바닐라 빈 가루) 4g
무가당 연유 120g
잔탄검 2g
식용 색소(차콜 블랙) 1g

아몬드 다쿠아즈
●
달걀흰자 80g
설탕 35g
아몬드 가루 70g
밀가루 15g
슈거파우더 55g

바닐라 글레이즈
●
투명 나파주 100g
바닐라 펄
(또는 바닐라 빈 가루) 1g

바닐라 가나슈 GANACHE VANILLE

p. 340의 레시피를 참조해 바닐라 가나슈를 만든다.

파트 쉬크레 PÂTE SUCRÉE

p. 342의 레시피를 참조해 파트 쉬크레를 만든다.

바닐라 크리스피 CROUSTILLANT VANILLE

p. 337의 레시피를 참조해 바닐라 크리스피를 만든다.

밀크 잼 CONFITURE DE LAIT

가당 연유를 90°C 오븐에 넣고 4시간 동안 졸여 캐러멜라이즈한다. 식힌 뒤 푸드 프로세서에 넣고 바닐라 펄과 무가당 연유, 잔탄검, 식용 색소를 첨가한 뒤 걸쭉한 농도가 되도록 갈아준다.

아몬드 다쿠아즈 DACQUOISE AMANDE

프렌치 머랭을 만든다. 우선 전동 스탠드 믹서 볼에 달걀흰자를 넣고 설탕을 세 번에 나누어 넣어가며 거품기를 돌려 머랭을 만든다. 거품기를 들어올렸을 때 새 부리 모양으로 끝이 뾰족해질 때까지 단단하게 거품을 올린다. 체에 쳐둔 설탕, 아몬드 가루, 밀가루, 슈거파우더를 넣고 주걱으로 살살 섞어준다. 혼합물을 짤주머니에 채워 넣은 뒤 지름 16cm 케이크 링 안에 짜 깔아준다. 170°C 오븐에서 16분간 굽는다.

조립하기 MONTAGE

파트 쉬크레 시트 안에 바닐라 크리스피를 반 정도 높이까지 채워 넣는다. 밀크 잼을 총 높이의 4/5까지 채워 넣는다. 다쿠아즈의 링을 제거한 다음 가나슈를 좀 더 쉽게 파이핑 하기 위해 손으로 모아 1~2cm 정도 크기를 줄인다. 파트 쉬크레 맨 위에 원반형 다쿠아즈를 얹어 마무리한다.

파이핑 완성하기 POCHAGE

전동 핸드믹서를 돌려 가나슈를 휘핑한다. 메탈로 된 지지대로 케이크를 받쳐놓고 생토노레 깍지(n°.125)를 끼운 짤주머니를 든 다음 휘핑한 가나슈를 불규칙한 모양의 꽃잎으로 짜 올린다. 바닐라 꽃을 한 손으로 들고 약 20도 정도 기울인 다음 짤주머니를 든 손을 빙 돌려가며 꽃잎을 짜준다. 매 꽃잎을 짜고 난 뒤 연이어서 방향을 꺾어 중간 지점으로 돌아가 다시 새롭게 짜 올려 꽃잎의 뾰족한 끝부분을 입체적으로 표현한다.

바닐라 글레이즈 NAPPAGE VANILLE

소스팬에 투명 나파주와 바닐라 펄을 넣고 끓을 때까지 가열한다. 혼합물을 스프레이 건에 채워 넣은 뒤 케이크 위에 직접 분사해 코팅을 입혀준다.

라즈베리 꽃잎 케이크
FRAMBOISIER EN PÉTALES

슈 반죽 비스퀴
❋

우유 10g
버터 25g
밀가루(T45) 35g
달걀 45g
달걀노른자 40g
달걀흰자 80g
설탕 55g
라즈베리 10개

크렘 디플로마트
❋

p. 336 재료 참조

루비 레드 코팅
❋

p. 338 재료 참조

바닐라 크렘 파티시에
❋

우유 120g
액상 생크림 20g
바닐라 빈 1줄기
달걀노른자 40g
설탕 35g
커스터드 분말 10g
버터 15g
마스카르포네 30g

저온 밀폐 조리 라즈베리
❋

라즈베리 300g
설탕 30g

완성 재료
❋

라임 ¼개
라즈베리 500g

바닐라 가나슈
❋

액상 생크림 625g
바닐라 빈 1줄기
화이트 커버처 초콜릿
(ivoire) 140g
젤라틴 매스 35g
(젤라틴 5g + 물 30g)

라즈베리 젤
❋

p. 341 재료 참조

슈 반죽 비스퀴 BISCUIT PÂTE À CHOUX

소스팬에 우유와 버터를 넣고 끓을 때까지 가열한다. 약 1~2분간 끓인다. 밀가루를 넣고 반죽이 냄비 벽에서 쉽게 떨어질 때까지 약불에서 잘 저으며 섞어준다. 혼합물을 전동 스탠드 믹서 볼에 넣고 플랫비터를 돌려 수분이 날아가도록 잘 섞어준다. 이어서 달걀과 달걀노른자를 세 번에 나누어 넣으며 섞어준다. 다른 볼에 달걀흰자를 넣고 설탕을 세 번에 나누어 넣어가며 거품을 올린다. 거품기를 들어올렸을 때 끝이 새 부리 모양이 될 때까지 단단한 머랭을 만든다. 이 머랭을 슈 반죽 안에 세 번에 나누어 넣으며 살살 섞어 매끈하고 균일한 혼합물을 완성한다. 짤주머니에 채워 넣은 뒤 지름 20cm 링 안에 짜 넣는다. 라즈베리를 시트 반죽 안에 박아 넣는다. 165℃ 오븐에서 20~25분간 굽는다. 수분이 응결되는 것을 막기 위해 중간에 오븐 문을 살짝 열어 증기를 빼준다. 식힌다.

바닐라 크렘 파티시에 CRÈME PÂTISSIÈRE VANILLE

p. 336의 레시피를 참조해 바닐라 크렘 파티시에를 만든다.

바닐라 가나슈 GANACHE VANILLE

p. 340의 레시피를 참조해 바닐라 가나슈를 만든다.

크렘 디플로마트 CRÈME DIPLOMATE

p. 336의 레시피를 참조해 크렘 디플로마트를 만든다.

저온 밀폐 조리 라즈베리 FRAMBOISES VIEILLIES

라즈베리를 깨끗이 씻은 뒤 꼭지를 모두 제거한다. 라즈베리를 내열용기에 담고 설탕을 솔솔 뿌린다. 뚜껑을 덮은 뒤 랩으로 단단히 감싸준다. 뚜껑이 없는 용기인 경우에는 완전히 밀폐되도록 랩을 팽팽하게 두 번 감싸준다. 100℃로 세팅한 스팀 오븐에 넣어 약 1시간 15분간 익힌다. 흘러나온 즙은 따로 덜어내 젤을 만들 때 사용한다.

라즈베리 젤 GEL FRAMBOISE

p. 341의 레시피를 참조해 라즈베리 젤을 만든다.

루비 레드 코팅 ENROBAGE RUBIS

p. 338의 레시피를 참조해 루비 레드 코팅 혼합물을 만든다.

조립하기 MONTAGE

슈 비스퀴의 링을 조심스럽게 제거한다. 같은 사이즈의 케이크 링 안에 아세테이트 띠지를 두른다. 띠지는 링 높이보다 1~2cm 정도 높이 올라오도록 한다. 슈 비스퀴를 링 안에 넣어 깔아준 다음 그 위에 크렘 디플로마트를 짤주머니로 얇게 한 켜 짜 넣는다. 내벽 둘레에도 크렘 디플로마트를 짜준 다음 작은 스패출러로 매끈하게 다듬는다. 케이크 중앙 크렘 디플로마트 위에 저온 밀폐 조리한 라즈베리를 놓는다. 라즈베리 젤의 반을 블렌더로 갈아준 다음 케이크 사이사이에 짤주머니로 짜 넣어준다(마무리용으로 이 젤은 따로 조금 남겨둔다). 빈 공간에 고루 채워 거의 평평한 표면을 만들어준다. 라즈베리 젤의 나머지 반 분량은 큐브 모양으로 잘라 케이크 중앙에 고루 놓아준다. 마이크로플레인 그레이터로 라임 제스트를 곱게 갈아 케이크 위에 뿌려준다. 이 단계까지 완성한 케이크의 높이는 아세테이트 띠지보다 약 5mm 정도 낮아야 한다. 마지막으로 케이크 위에 크렘 디플로마트를 한 켜 얹고 스패출러로 매끈하게 정리해준다. 냉동실에 약 30분간 넣어둔다. 따로 남겨두었던 라즈베리 젤을 얇게 짜서 한 켜 덮어준다. 스패출러로 매끈하게 다듬어준다.

파이핑 완성하기 POCHAGE

전동 핸드믹서를 돌려 가나슈를 휘핑한다. 생토노레 깍지(n°.104)를 끼운 짤주머니에 가나슈를 채워 넣은 다음 케이크 옆면 둘레에 파이핑한다. 케이크 위에서 시작해 아래쪽으로 오도록 사선 모양으로 나란히 가나슈를 짜준다. 루비 레드 코팅 혼합물을 스프레이 건에 넣고 케이크 옆면에 얇게 분사해 얼룩얼룩한 효과를 내준다. 라즈베리 생과를 반으로 자른 뒤 케이크 위에 빙 둘러 올려준다. 가운데는 비워둔다. 중앙의 빈 공간에 라즈베리 젤을 채워 완성한다.

숲딸기 프레지에
FRAiSiER DES BOiS

비스퀴 조콩드
❋
P. 335 재료 참조

바닐라 크렘 파티시에
❋
우유 120g
액상 생크림 20g
바닐라 빈 1줄기
달걀노른자 40g
설탕 35g
커스터드 분말 10g
버터 15g
마스카르포네 30g

바닐라 가나슈
❋
액상 생크림 625g
바닐라 빈 1줄기
화이트 커버처 초콜릿
(ivoire) 140g
젤라틴 매스 35g
(젤라틴 가루 5g + 물 30g)

크렘 디플로마트
❋
P. 336 재료 참조

저온 밀폐 조리 딸기
❋
딸기 300g
설탕 30g

딸기 젤
❋
P. 340 재료 참조

루비 레드 코팅
❋
P. 338 재료 참조

완성 재료
❋
라임 ¼개
야생 숲딸기 500g

비스퀴 조콩드 BISCUIT JOCONDE

p. 335의 레시피를 참조해 비스퀴 조콩드를 만든다.

바닐라 크렘 파티시에 CRÈME PÂTISSIÈRE VANILLE

p. 336의 레시피를 참조해 바닐라 크렘 파티시에를 만든다.

바닐라 가나슈 GANACHE VANILLE

p. 340의 레시피를 참조해 바닐라 가나슈를 만든다.

크렘 디플로마트 CRÈME DIPLOMATE

p. 336의 레시피를 참조해 크렘 디플로마트를 만든다.

저온 밀폐 조리 딸기 FRAISES VIEILLIES

딸기를 깨끗이 씻은 뒤 꼭지를 모두 제거한다. 딸기를 내열용기에 담고 설탕을 솔솔 뿌린다. 뚜껑을 덮은 뒤 랩으로 단단히 감싸준다. 뚜껑이 없는 용기인 경우에는 완전히 밀폐되도록 랩을 팽팽하게 두 번 감싸준다. 100℃로 세팅한 스팀 오븐에 넣어 약 1시간 15분간 익힌다. 흘러나온 즙은 따로 덜어내 젤을 만들 때 사용한다.

딸기 젤 GEL FRAISE

p. 340의 레시피를 참조해 딸기 젤을 만든다.

루비 레드 코팅 ENROBAGE RUBIS

p. 338의 레시피를 참조해 루비 레드 코팅 혼합물을 만든다.

조립하기 MONTAGE

비스퀴 조콩드 시트의 링을 조심스럽게 제거한다. 같은 사이즈의 케이크 링 안에 아세테이트 띠지를 두른다. 띠지는 링 높이보다 1~2cm 정도 높이 올라오도록 한다. 비스퀴 조콩드를 링 안에 넣어 깔아준 다음 그 위에 크렘 디플로마트를 짤주머니로 얇게 한 켜 짜 넣는다. 내벽 둘레에도 크렘 디플로마트를 짜준 다음 작은 스패출러로 매끈하게 다듬어준다. 케이크 중앙 크렘 디플로마트 위에 저온 밀폐 조리한 딸기를 놓는다. 딸기 젤의 반을 블렌더로 갈아준 다음 케이크 사이사이에 짤주머니로 짜 넣어준다(마무리용으로 이 젤은 따로 조금 남겨둔다). 빈 공간에 고루 채워 거의 평평한 표면을 만들어준다. 딸기 젤의 나머지 반 분량은 큐브 모양으로 잘라 케이크 중앙에 고루 놓는다. 마이크로플레인 그레이터로 라임 제스트를 곱게 갈아 케이크 위에 뿌려준다. 이 단계까지 완성한 케이크의 높이는 아세테이트 띠지보다 약 5mm 정도 낮아야 한다. 마지막으로 케이크 위에 크렘 디플로마트를 한 켜 얹고 스패출러로 매끈하게 정리해준다. 냉동실에 약 30분간 넣어둔다. 따로 남겨두었던 딸기 젤을 짜서 얇게 한 켜 덮어준다. 스패출러로 매끈하게 다듬어준다.

파이핑 완성하기 POCHAGE

전동 핸드믹서를 돌려 가나슈를 휘핑한다. 깍지를 끼우지 않은 짤주머니의 끝을 3mm 크기의 생토노레 팁 모양으로 잘라준다. 케이크 윗부분부터 가나슈를 작은 불꽃 모양으로 빙 둘러 짜준다. 한 바퀴를 일정한 크기로 짠 후 다음 줄로 내려가 마찬가지로 파이핑을 계속한다. 루비 레드 코팅을 스프레이 건으로 분사해 고르게 색을 입힌다. 중앙에 숲딸기를 올려 완성한다.

체리 케이크
CERISIER

슈 반죽 비스퀴
●
우유 10g
버터 25g
밀가루(T45) 35g
달걀 45g
달걀노른자 40g
달걀흰자 80g
설탕 55g
체리 10개

바닐라 크렘 파티시에
●
우유 120g
액상 생크림 20g
바닐라 빈 1줄기
달걀노른자 40g
설탕 35g
커스터드 분말 10g
버터 15g
마스카르포네 30g

바닐라 가나슈
●
액상 생크림 625g
바닐라 빈 1줄기
화이트 커버처 초콜릿
(ivoire) 140g
젤라틴 매스 35g
(젤라틴 5g + 물 30g)

크렘 디플로마트
●
p. 336 재료 참조

저온 밀폐 조리 체리
●
체리 300g
설탕 30g

체리 젤
●
체리즙 400g
설탕 40g
한천 분말(agar-agar) 6g
잔탄검 2g

완성 재료
●
라임 ¼개
체리 500g

바닐라 글레이즈
●
투명 나파주 100g
바닐라 펄(또는 바닐라 빈 가루) 1g

슈 반죽 비스퀴 BISCUIT PÂTE À CHOUX

소스팬에 우유와 버터를 넣고 끓을 때까지 가열한다. 약 1~2분간 끓인다. 밀가루를 넣고 반죽이 냄비 벽에서 쉽게 떨어질 때까지 약불에서 잘 저으며 섞어준다. 혼합물을 전동 스탠드 믹서 볼에 넣고 플랫비터를 돌려 수분이 날아가도록 잘 섞어준다. 이어서 달걀과 달걀노른자를 세 번에 나누어 넣으며 섞어준다. 다른 볼에 달걀흰자를 넣고 설탕을 세 번에 나누어 넣어가며 거품을 올린다. 거품기를 들어올렸을 때 끝이 새 부리 모양이 될 때까지 단단한 머랭을 만든다. 이 머랭을 슈 반죽 안에 세 번에 나누어 넣으며 살살 섞어 매끈하고 균일한 혼합물을 완성한다. 짤주머니에 채워 넣은 뒤 지름 20cm 링 안에 짜 넣는다. 씨를 제거한 체리를 시트 반죽 안에 박아 넣는다. 165℃ 오븐에서 20~25분간 굽는다. 수분이 응결되는 것을 막기 위해 중간에 오븐 문을 살짝 열어 증기를 빼준다. 식힌다.

바닐라 크렘 파티시에 CRÈME PÂTISSIÈRE VANILLE

p. 336의 레시피를 참조해 바닐라 크렘 파티시에를 만든다.

바닐라 가나슈 GANACHE VANILLE

p. 340의 레시피를 참조해 바닐라 가나슈를 만든다.

크렘 디플로마트 CRÈME DIPLOMATE

p. 336의 레시피를 참조해 크렘 디플로마트를 만든다.

저온 밀폐 조리 체리 CERISES VIEILLIES

체리를 깨끗이 씻은 뒤 씨를 제거한다. 체리를 내열용기에 담고 설탕을 솔솔 뿌린다. 뚜껑을 덮은 뒤 랩으로 단단히 감싸준다. 뚜껑이 없는 용기인 경우에는 완전히 밀폐되도록 랩을 팽팽하게 두 번 감싸준다. 100℃로 세팅한 스팀 오븐에 넣어 약 1시간 15분간 익힌다. 흘러나온 즙은 따로 덜어내 젤을 만들 때 사용한다.

체리 젤 GEL CERISE

소스팬에 체리즙을 넣고 끓을 때까지 가열한다. 설탕, 한천 분말, 잔탄검을 넣고 핸드블렌더로 갈아 혼합한다. 냉장고에 넣어 굳힌다.

조립하기 MONTAGE

슈 비스퀴의 링을 조심스럽게 제거한다. 같은 사이즈의 케이크 링 안에 아세테이트 띠지를 두른다. 띠지는 링 높이보다 1~2cm 정도 높이 올라오도록 한다. 슈 비스퀴를 링 안에 넣어 깔아준 다음 그 위에 크렘 디플로마트를 짤주머니로 얇게 한 켜 짜 넣는다. 내벽 둘레에도 크렘 디플로마트를 짜준 다음 작은 스패출러로 매끈하게 다듬어준다. 케이크 중앙 크렘 디플로마트 위에 저온 밀폐 조리한 체리를 놓는다. 체리 젤의 반을 블렌더로 갈아준 다음 케이크 사이사이에 짤주머니로 짜 넣어준다(마무리용으로 이 젤은 따로 조금 남겨둔다). 빈 공간에 고루 채워 거의 평평한 표면을 만들어준다. 체리 젤의 나머지 반 분량은 큐브 모양으로 잘라 케이크 중앙에 고루 놓아준다. 마이크로플레인 그레이터로 라임 제스트를 곱게 갈아 케이크 위에 뿌려준다. 이 단계까지 완성한 케이크의 높이는 아세테이트 띠지보다 약 5mm 정도 낮아야 한다. 마지막으로 케이크 위에 크렘 디플로마트를 한 켜 얹고 스패출러로 매끈하게 정리해준다. 냉동실에 약 30분간 넣어둔다. 따로 남겨두었던 체리 젤을 짜 올려 얇게 한 켜 덮어준다. 스패출러로 매끈하게 다듬어준다.

파이핑 완성하기 POCHAGE

전동 핸드믹서를 돌려 가나슈를 휘핑한다. 생토노레 깍지(no.125)를 끼운 짤주머니에 가나슈를 채워 넣은 다음 케이크 옆면 둘레에 파이핑한다. 케이크 옆면 둘레 위쪽부터 시작해 약 5cm 정도 길이의 곡선을 가로로 짜 둘러준다. 이어서 그 다음 아랫줄도 마찬가지 모양으로 곡선을 짜 둘러준다. 아랫줄의 긴 꽃잎이 위쪽 꽃잎 높이의 반 이상을 덮지 않도록 주의하며 보기 좋게 겹쳐지도록 계속 파이핑한다. 케이크 윗면에 꼭지를 떼지 않은 생체리를 보기 좋게 얹어준다.

바닐라 글레이즈 NAPPAGE VANILLE

소스팬에 투명 나파주와 바닐라 빈을 넣고 끓을 때까지 가열한다. 혼합물을 스프레이 건에 채워 넣은 뒤 케이크에 분사해 글레이즈한다.

프레지에
FRAiSiER

슈 반죽 비스퀴
●

우유 10g
버터 25g
밀가루(T45) 35g
달걀 45g
달걀노른자 40g
달걀흰자 80g
설탕 55g
라즈베리 10개

완성 재료
●

딸기 20개
라임 ¼개

바닐라 가나슈
●

액상 생크림 775g
바닐라 빈 2줄기
화이트 커버처 초콜릿
(ivoire) 175g
젤라틴 매스 42g
(젤라틴 가루 6g + 물 36g)

바닐라 글레이즈
●

투명 나파주 100g
바닐라 펄
(또는 바닐라 빈 가루) 1g
딸기
(레드, 화이트 또는 핑크) 300g

딸기 젤
●

p. 340 재료 참조

슈 반죽 비스퀴 BISCUIT PÂTE À CHOUX

소스팬에 우유와 버터를 넣고 끓을 때까지 가열한다. 약 1~2분간 끓인다. 밀가루를 넣고 반죽이 냄비 벽에서 쉽게 떨어질 때까지 약불에서 잘 저으며 섞어준다. 혼합물을 전동 스탠드 믹서 볼에 넣고 플랫비터를 돌려 수분이 날아가도록 잘 섞어준다. 이어서 달걀과 달걀노른자를 세 번에 나누어 넣으며 섞어준다. 다른 볼에 달걀흰자를 넣고 설탕을 세 번에 나누어 넣어가며 거품을 올린다. 거품기를 들어올렸을 때 끝이 새 부리 모양이 될 때까지 단단한 머랭을 만든다. 이 머랭을 슈 반죽 안에 세 번에 나누어 넣으며 살살 섞어 매끈하고 균일한 혼합물을 완성한다. 짤주머니에 채워 넣은 뒤 지름 20cm 링 안에 짜 넣는다. 라즈베리를 시트 반죽 안에 박아 넣는다. 165℃ 오븐에서 20~25분간 굽는다. 수분이 응결되는 것을 막기 위해 중간에 오븐 문을 살짝 열어 증기를 빼준다. 식힌다.

바닐라 가나슈 GANACHE VANILLE

p. 340의 레시피를 참조해 바닐라 가나슈를 만든다.

딸기 젤 GEL FRAISE

p. 340의 레시피를 참조해 딸기 젤을 만든다.

조립하기 MONTAGE

딸기를 씻어 꼭지를 딴 다음 얇게 저며 썬다. 슈 비스퀴의 링을 조심스럽게 제거한다. 같은 사이즈의 케이크 링 안에 아세테이트 띠지를 두른다. 띠지는 링 높이보다 1~2cm 정도 높이 올라오도록 한다. 슈 비스퀴를 링 안에 넣어 깔아준 다음 그 위에 딸기 젤을 짤주머니로 얇게 한 켜 짜 넣는다. 내벽 둘레에 바닐라 가나슈를 짜준 다음 작은 스패출러로 매끈하게 다듬어준다. 케이크 중앙에 얇게 썬 딸기를 고루 배치한 다음 딸기 젤로 한 켜 덮어준다. 마이크로플레인 그레이터로 라임 제스트를 곱게 갈아 케이크 위에 뿌려준다. 바닐라 가나슈를 아세테이트 띠지 높이 끝까지 채워 얹은 뒤 스패출러로 매끈하게 정리한다. 냉동실에 약 1시간 동안 넣어둔다.

파이핑 완성하기 POCHAGE

납작한 직선 깍지(n°.14)를 끼운 짤주머니를 이용해 프레지에 케이크 둘레에 가나슈를 파이핑해준다. 위쪽에서 시작해 아래쪽으로 일정한 모양의 선을 세로로 짜 마치 드레이프 주름처럼 표현한다. 라인의 위쪽에서 손목에 스냅을 주어 꺾으며 커브 모양을 부드럽게 내준다.

바닐라 글레이즈, 완성하기 NAPPAGE VANILLE & FINITION

소스팬에 투명 나파주와 바닐라 빈을 넣고 끓을 때까지 가열한다. 혼합물을 스프레이 건에 채워 넣은 뒤 케이크에 분사해 글레이즈한다. 케이크 중앙에 딸기를 고루 얹어준다. 다양한 품종과 색의 딸기를 사용하여 변화를 주어도 좋다. 딸기 몇 개는 꼭지를 그대로 둔 채 얹어 대비의 멋을 강조할 수 있다.

딸기
FRAISE

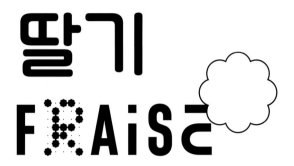

파트 디아망
●
p. 342 재료 참조

바닐라 아몬드 크림
●
p. 336 재료 참조

바닐라 크렘 파티시에
●
우유 230g
액상 생크림 40g
바닐라 빈 1줄기
달걀노른자 70g
설탕 60g
커스터드 분말 20g
버터 25g
마스카르포네 50g

저온 밀폐 조리 딸기
●
딸기 300g
설탕 30g

딸기 젤
●
p. 341 재료 참조

꽃모양 완성하기
●
딸기 600g

파트 디아망 PÂTE DIAMANT

p. 342의 레시피를 참조해 파트 디아망 타르트 시트를 만든다.

바닐라 아몬드 크림 CRÈME D'AMANDE VANILLÉE

p. 336의 레시피를 참조해 바닐라 아몬드 크림을 만든다.

바닐라 크렘 파티시에 CRÈME PÂTISSIÈRE VANILLE

p. 336의 레시피를 참조해 바닐라 크렘 파티시에를 만든다.

저온 밀폐 조리 딸기 FRAISES VIEILLIES

딸기를 깨끗이 씻은 뒤 꼭지를 모두 제거한다. 딸기를 내열용기에 담고 설탕을 솔솔 뿌린다. 뚜껑을 덮은 뒤 랩으로 단단히 감싸준다. 뚜껑이 없는 용기인 경우에는 완전히 밀폐되도록 랩을 팽팽하게 두 번 감싸준다. 100℃로 세팅한 스팀 오븐에 넣어 약 1시간 15분간 익힌다. 흘러나온 즙은 따로 덜어내 젤을 만들 때 사용한다.

딸기 젤 GEL FRAISE

p. 341의 레시피를 참조해 딸기 젤을 만든다.

꽃모양 완성하기 MONTAGE DE LA FLEUR

파트 디아망 타르트 시트 안에 바닐라 아몬드 크림을 채워 넣는다. 170℃에서 8분간 굽는다. 약 15분간 식힌 뒤 바닐라 크렘 파티시에를 얇게 한 켜 깔아 덮어준다. 타르트 둘레에 크렘 파티시에를 높이의 3/4까지 채워준다. 저온 밀폐 조리 딸기를 고루 넣어준 다음 딸기 젤을 타르트 높이까지 채워 넣는다. 딸기를 씻어 꼭지를 딴 다음 세로로 얇게 슬라이스한다. 케이크 맨 가장자리부터 딸기를 빙 둘러 배치한다. 맨 처음에는 거의 평평하게 눕히듯이 딸기를 얹어놓고 안쪽으로 갈수록 점점 각도를 높여 가장 중앙에는 거의 딸기를 세워놓듯이 입체적으로 정렬한다.

프루츠 샤를로트
CHARLOTTE
AUX FRUITS

레몬 가나슈

●

p. 340 재료 참조

팽 드 젠 비스퀴

●

p. 335 재료 참조

베리 믹스 마멀레이드

●

라즈베리 100g
딸기 100g
레드커런트 100g
딸기 퓌레 45g
올리브오일 한 바퀴
설탕 30g
글루코스 분말 30g
펙틴 NH 6g
주석산 2g

초콜릿 코팅

●

카카오 버터 100g
밀크 초콜릿 50g
화이트 초콜릿 50g

조립하기

●

딸기 20개

파이핑 완성하기

●

각종 베리류 과일(레드커런트,
구스베리, 숲딸기, 라즈베리,
블랙베리, 딸기) 500g

데커레이션용 슈거파우더(Codineige®)

레몬 가나슈 GANACHE CITRON

p. 340의 레시피를 참조해 레몬 가나슈를 만든다.

팽 드 젠 비스퀴 BISCUIT PAIN DE GENES

p. 335의 레시피를 참조해 팽 드 젠 비스퀴를 만든다.

베리 믹스 마멀레이드 MARMELADE MULTIFRUITS

소스팬에 베리류 과일들과 딸기 퓌레, 올리브오일을 넣고 볶듯이 익힌다. 약불로 줄인 뒤 약 30분 동안 뭉근히 익힌다. 설탕, 글루코스, 펙틴, 주석산을 넣고 잘 섞은 뒤 1분간 끓인다. 냉장고에 넣어둔다.

초콜릿 코팅 ENROBAGE

카카오 버터를 녹인 뒤 잘게 썬 초콜릿에 부어준다. 핸드블렌더로 갈아 매끈한 혼합물을 만든다.

조립하기 MONTAGE

딸기를 씻어 꼭지를 딴 다음 얇게 저며 썬다. 팽 드 젠 비스퀴의 링을 조심스럽게 제거한다. 같은 사이즈의 케이크 링 안에 아세테이트 띠지를 두른다. 띠지는 링 높이보다 1~2cm 정도 높이 올라오도록 한다. 비스퀴를 링 안에 넣어 깔아준 다음 그 위에 베리 믹스 마멀레이드를 짤주머니로 얇게 한 켜 짜 넣는다. 내벽 둘레에 레몬 가나슈를 짜준 다음 작은 스패츌러로 매끈하게 다듬어준다. 케이크 중앙에 얇게 썬 딸기를 고루 배치한 다음 마멀레이드를 넉넉히 덮어준다. 가나슈를 아세테이트 띠지 높이 끝까지 채워 얹은 뒤 스패츌러로 매끈하게 정리한다. 냉동실에 약 1시간 동안 넣어둔다.

파이핑 완성하기 POCHAGE

남은 가나슈를 전동 핸드믹서로 돌려 휘핑한다. 실리콘 패드(Silpat®)를 깐 오븐팬 위에 원형 깍지(n°.14)를 끼운 짤주머니를 이용해 가나슈를 6~7cm의 긴 막대 모양으로 짜 놓는다(샤를로트 케이크 둘레에 세워 붙이는 용도). 냉동실에 넣어 굳힌다. 굳은 뒤 모양이 불규칙한 양끝을 깔끔하게 잘라준다. 케이크 둘레에 가나슈를 가늘게 짜 발라준다. 여기에 얼려 굳힌 막대 모양 가나슈를 빙 둘러 하나씩 세워 붙여준다. 길이와 모양이 살짝 다른 것들을 고루 섞어 불규칙하지만 재미를 주는 형태로 완성하면 좋다. 각 가나슈 막대 사이에 공간이 뜨지 않도록 나란히 붙여준다. 케이크 바깥쪽에 스프레이 건을 분사해 코팅을 입힌다. 이때 사용하게 될 초콜릿 코팅 혼합물은 거의 끓을 정도로 뜨겁게 준비해야 한다. 데커레이션용 슈거파우더를 뿌려준다. 샤를로트 케이크 윗면에 준비한 생과일을 고루 올린다. 먹기 전까지 냉장고에 약 2시간 정도 넣어둔다.

라즈베리
FRAMBOISE

파트 디아망
●
p. 342 재료 참조

바닐라 아몬드 크림
●
p. 336 재료 참조

바닐라 크렘 파티시에
●
우유 230g
액상 생크림 40g
바닐라 빈 1줄기
달걀노른자 70g
설탕 60g
커스터드 분말 20g
버터 25g
마스카르포네 50g

저온 밀페 조리 라즈베리
●
라즈베리 300g
설탕 30g

라즈베리 젤
●
p. 341 재료 참조

완성 재료
●
라즈베리 500g

파트 디아망 PÂTE DIAMANT

p. 342의 레시피를 참조해 파트 디아망 타르트 시트를 만든다.

바닐라 아몬드 크림 CRÈME D'AMANDE VANILLÉE

p. 336의 레시피를 참조해 바닐라 아몬드 크림을 만든다.

바닐라 크렘 파티시에 CRÈME PÂTISSIÈRE VANILLE

p. 336의 레시피를 참조해 바닐라 크렘 파티시에를 만든다.

저온 밀폐 조리 라즈베리 FRAMBOISES VIEILLIES

라즈베리를 살살 헹궈 씻어준다. 라즈베리를 내열용기에 담고 설탕을 솔솔 뿌린다. 뚜껑을 덮은 뒤 랩으로 단단히 감싸준다. 뚜껑이 없는 용기인 경우에는 완전히 밀폐되도록 랩을 팽팽하게 두 번 감싸준다. 100℃로 세팅한 스팀 오븐에 넣어 약 1시간 15분간 익힌다. 흘러나온 즙은 따로 덜어내 젤을 만들 때 사용한다.

라즈베리 젤 GEL FRAMBOISE

p. 341의 레시피를 참조해 라즈베리 젤을 만든다.

조립하기 MONTAGE

파트 디아망 타르트 시트 안에 바닐라 아몬드 크림을 채워 넣는다. 170℃에서 8분간 굽는다. 약 15분간 식힌 뒤 바닐라 크렘 파티시에를 얇게 한 켜 깔아 덮어준다. 타르트 둘레에 크렘 파티시에를 높이의 3/4까지 채워준다. 저온 밀폐 조리 라즈베리를 고루 넣어준 다음 라즈베리 젤을 타르트 높이까지 채워 넣는다. 씻어서 반으로 자른 라즈베리를 케이크 위에 작은 꽃모양으로 만들어 올려준다.

프랑부아지에
FRAMBOiSiER

바닐라 가나슈

●

액상 생크림 625g
바닐라 빈 1줄기
화이트 커버처 초콜릿
(ivoire) 140g
젤라틴 매스 35g
(젤라틴 가루 5g + 물 30g)

사블레 브르통 크러스트

●

p. 343 재료 참조

아몬드 크림

●

p. 336 재료 참조

라즈베리 젤

●

p. 341 재료 참조

루비 레드 코팅

●

p. 338 재료 참조

완성 재료

라즈베리 150g

바닐라 가나슈 GANACHE VANILLE

p. 340의 레시피를 참조해 바닐라 가나슈를 만든다.

사블레 브르통 크러스트 SABLÉ BRETON RECONSTITUÉ

p. 343의 레시피를 참조해 사블레 브르통 크러스트를 만든다.

아몬드 크림 CRÈME D'AMANDE

p. 336의 레시피를 참조해 아몬드 크림을 만든다.

라즈베리 젤 GEL FRAMBOISE

p. 341의 레시피를 참조해 라즈베리 젤을 만든다.

루비 레드 코팅 ENROBAGE RUBIS

p. 338의 레시피를 참조해 루비 레드 코팅 혼합물을 만든다.

조립하기 MONTAGE

전동 핸드믹서를 돌려 가나슈를 휘핑한다. 구워낸 사블레 크러스트를 지름 16cm 케이크 링으로 찍어 둘레를 잘라낸다. 크러스트 중앙에 지름 14cm 케이크 링을 찍어 안쪽을 들어내 폭 2cm의 링 모양을 만든다. 두 개의 케이크 링을 그대로 찍어두고 있는 상태에서 링 모양 사블레 브르통 위에 아몬드 크림을 한 켜 짜준다. 170℃ 오븐에서 8분간 굽는다. 약 15분간 식힌다. 라즈베리를 반으로 잘라 링 모양 케이크 위에 얹어 채운 다음 라즈베리 젤을 짜 공간을 메우듯이 덮어준다. 이 인서트를 냉동실에 넣어 약 6시간 동안 굳힌다. 표면이 버블처럼 올록볼록한 지름 18cm 크기의 링 모양 실리콘 틀의 바닥과 내벽 전체에 가나슈를 짜준다. 가장자리까지 꼼꼼하게 펼쳐 덮어준다. 냉동실에서 얼린 인서트를 중앙에 맞춰 넣어준다. 가나슈를 한 켜 짜 덮어 마무리한 다음 스패출러로 매끈하게 정리한다. 냉동실에 최소 3시간 동안 넣어둔다. 틀을 조심스럽게 제거한다. 루비 레드 코팅을 스프레이 건으로 고루 분사해 색을 입힌다. 먹기 전까지 약 4시간 동안 냉장고에 넣어둔다.

블랙베리
MÛRE

블랙베리 가나슈
●

액상 생크림 200g
달걀노른자 85g
설탕 40g
젤라틴 매스 17g
(젤라틴 가루 2.5g + 물 14.5g)
블랙베리 퓌레 330g
마스카르포네 330g

클라푸티 비스퀴
●

달걀 110g
설탕 100g
아몬드 가루 100g
밀가루(T55) 30g
소금 1g
더블 크림 300g

블랙베리 젤
●

블랙베리 즙 400g
설탕 40g
한천 분말(agar-agar) 6g
잔탄검 2g

차콜 블랙 코팅
●

p. 338 재료 참조

완성 재료
●

블랙베리 500g

블랙베리 가나슈 GANACHE MÛRE

소스팬에 생크림을 넣고 끓을 때까지 가열한다. 볼에 달걀노른자와 설탕을 넣고 거품기로 휘저어 섞는다. 여기에 끓는 생크림을 조금 부어 잘 섞은 뒤 다시 소스팬에 옮겨 담고 가열해 크렘 앙글레즈를 만든다. 2분간 끓인 뒤 젤라틴 매스와 블랙베리 퓌레를 넣고 핸드블렌더로 갈아 균일하게 혼합한다. 체에 거른 뒤 마스카르포네를 넣고 섞어준다. 냉장고에 약 12시간 정도 넣어 휴지시킨다.

클라푸티 비스퀴 BISCUIT CLAFOUTIS

믹싱볼에 달걀, 설탕, 아몬드가루를 넣고 섞는다. 밀가루, 소금, 더블 크림을 넣고 잘 섞어준다. 혼합물을 높이 5cm 케이크 틀에 채워 넣는다. 170℃ 오븐에서 15분간 굽는다. 식힌 뒤 지름 16cm 링을 이용해 원반형으로 잘라낸다.

블랙베리 젤 GEL MÛRE

p. 341의 레시피를 참조해 블랙베리 젤을 만든다.

차콜 블랙 코팅 ENROBAGE CHARBON

p. 338의 레시피를 참조해 차콜 블랙 코팅 혼합물을 만든다.

조립하기 MONTAGE

전동 핸드믹서를 돌려 가나슈를 휘핑한다. 클라푸티 비스퀴를 링으로 찍어 잘라낸 뒤 링을 조심스럽게 제거한다. 같은 사이즈의 케이크 링 안에 아세테이트 띠지를 두른다. 띠지는 링 높이보다 1~2cm 정도 높이 올라오도록 한다. 비스퀴를 링 안에 넣어 깔아준 다음 그 위에 블랙베리 젤을 짤주머니로 얇게 한 켜 짜 넣는다. 그 위에 블랙베리를 한 켜로 채워 넣는다. 블랙베리 젤을 사이사이 짜 넣어 표면을 매끈하게 정리해준다. 냉동실에 6시간 동안 넣어둔다. 지름 18cm 실리콘 케이크 틀(Pavoni®) 안쪽 면 전체에 가나슈를 짜 넣는다. 인서트를 정중앙에 놓기 편하도록 중앙 부분에는 가나슈를 조금 더 짜 넣는다. 냉동실에 넣어두었던 인서트를 틀 중앙에 놓는다. 가나슈를 짜 전체적으로 덮어준 다음 스패출러로 매끈하게 정리한다. 냉동실에 6시간 동안 넣어 굳힌다.

파이핑 완성하기 POCHAGE

지름 4mm 원형 깍지를 끼운 짤주머니를 이용해 케이크 중앙부터 작은 방울 모양으로 가나슈를 짜 얹는다. 같은 크기의 방울로 촘촘히 붙여가며 한 개씩 짜준다. 시간과 꼼꼼한 집중력을 요하는 작업이다. 방울을 짜 얹을 때 균일한 선이나 일정한 방향에 구애받지 말고 불규칙적으로 자유롭게 파이핑하는 것이 더 좋다. 스프레이 건으로 차콜 블랙 코팅을 분사해 전체적으로 색을 입힌다. 먹기 전까지 냉장고에 4시간 동안 넣어둔다.

헤이즐넛
NOiSETTE

헤이즐넛 가나슈
✿

액상 생크림 170g
헤이즐넛 페이스트 20g
화이트 커버처 초콜릿
(ivoire) 35g
마스카르포네 20g
젤라틴 매스 7g
(젤라틴 가루 1g + 물 6g)

파트 쉬크레
✿

p. 342 재료 참조

헤이즐넛 크리스피
✿

p. 337 재료 참조

헤이즐넛 프랄리네
✿

헤이즐넛 190g
설탕 60g
소금(플뢰르 드 셀) 4g

헤이즐넛 다쿠아즈
✿

달걀흰자 80g
설탕 35g
헤이즐넛 가루 70g
밀가루 15g
슈거파우더 55g

완성 재료
✿

잔두야 100g
구운 헤이즐넛 100g

글레이즈
✿

투명 나파주 100g

헤이즐넛 가나슈 GANACHE NOISETTE

하루 전, 소스팬에 생크림과 헤이즐넛 페이스트를 넣고 끓을 때까지 가열한다. 볼에 잘게 썬 화이트 초콜릿과 마스카르포네, 젤라틴 매스를 넣고 섞는다. 뜨거운 생크림을 체에 거르며 볼에 붓고 핸드블렌더로 갈아 균일하게 혼합한다. 냉장고에 약 12시간 정도 넣어 휴지시킨다.

파트 쉬크레 PÂTE SUCRÉE

p. 342의 레시피를 참조해 파트 쉬크레를 만든다.

헤이즐넛 크리스피 CROUSTILLANT NOISETTE

p. 337의 레시피를 참조해 헤이즐넛 크리스피를 만든다.

헤이즐넛 프랄리네 PRALINE NOISETTE

오븐팬에 헤이즐넛을 펼쳐 놓은 뒤 165℃ 오븐에 넣어 15분간 로스팅한다. 소스팬에 설탕을 넣고 가열해 캐러멜을 만든다. 식힌 다음 블렌더로 갈아준다. 로스팅한 헤이즐넛을 블렌더로 갈아준다. 전동 스탠드 믹서 볼에 헤이즐넛, 캐러멜, 소금을 모두 넣고 플랫비터를 돌려 균일하게 섞어준다.

헤이즐넛 다쿠아즈 DACQUOISE NOISETTE

프렌치 머랭을 만든다. 우선 전동 스탠드 믹서 볼에 달걀흰자를 넣고 설탕을 세 번에 나누어 넣어가며 거품기를 돌려 머랭을 만든다. 거품기를 들어올렸을 때 새 부리 모양으로 끝이 뾰족해질 때까지 단단하게 거품을 올린다. 헤이즐넛 가루, 밀가루, 슈거파우더를 넣고 주걱으로 섞어준다. 다쿠아즈 혼합물을 짤주머니에 채워 넣은 뒤 지름 20cm 케이크 링에 짜 넣는다. 170℃ 오븐에서 16분간 굽는다.

조립하기 MONTAGE

파트 쉬크레 시트 안에 잔두야를 굵직한 선으로 짜 넣어 채운다. 로스팅한 헤이즐넛을 굵직하게 다진 뒤 잔두야 위에 뿌려 전체를 고루 덮어준다. 헤이즐넛 크리스피를 시트 높이 중간까지 오도록 둘레에 채워 넣는다. 중앙의 빈 공간에는 헤이즐넛 프랄리네를 채워준다. 다쿠아즈의 링을 제거한 다음 파이핑이 용이하도록 옆면을 손으로 살짝 감싸며 눌러 지름을 1~2cm 줄인다. 원반형 다쿠아즈를 파트 쉬크레의 높이까지 오도록 놓는다. 필요하면 헤이즐넛 프랄리네를 조금 더 첨가해 매끈하게 마무리한다.

파이핑 완성하기 POCHAGE

전동 핸드믹서를 돌려 가나슈를 휘핑한다. 케이크를 턴테이블 위에 올린다. 생토노레 깍지(nº.104)를 끼운 짤주머니로 가나슈를 한번에 짜 둘러준다. 우선 턴테이블을 회전시키고 짤주머니를 살짝 기울여 든 다음 중앙에 불규칙한 삼각 별모양을 짜 얹고 계속해서 찌글찌글한 나선형으로 둘러가며 멈추지 말고 끝까지 한 번에 짜준다. 가나슈 파이핑 사이사이 공간이 살짝 떠야 하며 불규칙한 곡선으로 조화를 이루도록 모양을 만든다. 맨 마지막 둘레 두세 줄은 손을 움직이지 말고 매끈한 선으로 짜서 마무리한다.

글레이즈 NAPPAGE

소스팬에 투명 나파주를 넣고 끓을 때까지 가열한다. 스프레이 건에 넣고 케이크 위에 분사한다.

플랑
FLAN

브리오슈 푀유테
●
우유 100g
제빵용 생이스트 13g
밀가루(T65) 285g
소금 4g
설탕 20g
달걀 50g
버터(상온의 포마드 상태) 25g
푀유타주용 저수분 버터 150g

플랑 필링 혼합물
●
우유 240g
달걀 65g
바닐라 펄(또는 바닐라 빈 가루) 2g
커스터드 분말 25g
설탕 45g
버터 25g
소금(플뢰르 드 셀) 1꼬집

브리오슈 푀유테 BRIOCHE FEUILLETEE

전동 스탠드 믹서 볼에 버터를 제외한 모든 재료를 넣고 달걀을 조금씩 넣어가며 도우훅을 저속(속도 1)으로 돌려 혼합한다. 속도 2로 올린 다음 혼합물이 믹싱볼 벽에 더 이상 달라붙지 않고 떨어질 때까지 계속 반죽한다. 상온의 버터를 깍둑 썰어 넣어준 뒤 계속 혼합해 균일한 반죽을 만든다. 상온(20~25℃)에서 1시간 동안 1차 발효시킨다. 반죽을 작업대에 덜어낸 다음 손바닥으로 눌러 공기를 빼준다. 반죽을 한 장의 직사각형으로 밀어준다. 반죽 사이즈의 반으로 납작하게 만든 푀유타주용 버터를 중앙에 놓고 반죽 양쪽 끝을 가운데로 접어 덮어준다. 반죽을 다시 길쭉하게 민 다음 3절 접기를 1회 실행한다. 다시 반죽을 길게 민 다음 4절 접기를 1회 실행한다. 다시 한 번 반죽을 길게 밀어 마지막으로 3절 접기를 1회 추가한다. 완성된 브리오슈 푀유테 반죽을 밀어준 다음 미리 유산지를 깔아둔 지름 15cm 꽃모양 틀 안에 깔아 앉힌다. 냉동실에 2시간 넣어둔다.

플랑 필링 혼합물 APPAREIL À FLAN

소스팬에 우유를 넣고 끓을 때까지 가열한다. 볼에 달걀, 바닐라, 커스터드 분말, 설탕을 넣고 뽀얗게 될 때까지 거품기로 휘저어 섞는다. 여기에 뜨거운 우유를 붓고 잘 섞은 다음 다시 소스팬으로 옮겨 불에 올린다. 끓기 시작하면 버터와 소금을 넣어준다. 혼합물을 틀 안에 깔아 둔 브리오슈 푀유테 시트 안에 부어 넣는다. 냉장고에 넣어 1시간 동안 식힌다. 170℃ 오븐에서 25분간 굽는다.

140

생토노레
SAINT-HONORÉ

브리오슈 푀유테
●
p. 335 재료 참조

슈 반죽
●
p. 341 재료 참조

바닐라 크렘 파티시에
●
p. 336 재료 참조

생토노레 캐러멜
●
설탕 20g
누가섹(nougasec)* 5g
물 10g
글루코스 5g
이소말트 170g

바닐라 샹티이
●
p. 335 재료 참조

---

* nougasec : 캐러멜에 습기가 생기는 것을 막아 누가틴, 누가 등의 보존성을 높여준다. 설탕과 혼합해 사용한다.

브리오슈 퍼유테 BRIOCHE FEUILLETÉE

p. 335의 레시피를 참조해 브리오슈 퍼유테를 만든다.

슈 반죽 PÂTE À CHOUX

p. 341의 레시피를 참조해 슈 반죽을 만든다.

바닐라 크렘 파티시에 CRÈME PÂTISSIÈRE VANILLE

p. 336의 레시피를 참조해 바닐라 크렘 파티시에를 만든다.

생토노레 캐러멜 CARAMEL SAINT-HONORÉ

설탕과 누가섹을 미리 섞어둔 다음 물, 글루코스와 함께 소스팬에 넣고 끓인다. 다른 소스팬에 이소말트를 넣고 가열한다. 이소말트 온도가 150℃에 달하면 첫 번째 소스팬에 넣고 끓여 갈색 캐러멜을 만든다.
식힌 슈를 나무 꼬챙이로 찌른 뒤 동그랗게 부푼 윗부분을 뜨거운 캐러멜에 담갔다 빼준다.

바닐라 샹티이 CHANTILLY VANILLE

p. 335의 레시피를 참조해 바닐라 샹티이 크림을 만든다.

조립하기 MONTAGE

브리오슈 퍼유테 시트 중앙에 크렘 파티시에를 한 켜 깔아 채운다. 슈 안에 크렘 파티시에를 채워 넣는다. 크림을 채운 슈를 브리오슈 시트 위에 빙 둘러 놓아준다. 맨 바깥쪽 둘레에 캐러멜이 묻은 면이 바깥을 향하도록 배치한다. 그 안쪽 중앙에 슈를 6~7개 정도 놓아준다. 가장 모양이 예쁜 슈 한 개를 마지막 완성용으로 따로 남겨둔다.

파이핑 완성하기 POCHAGE

생토노레 깍지(n°.104)를 끼운 짤주머니를 이용해 꽃잎 모양으로 샹티이 크림을 짜준다. 우선 케이크 중앙에서 시작해 직선으로 샹티이를 짠 다음 검지손가락만 한 크기에서 곡선을 짜고 다시 출발점으로 돌아가 갸름한 꽃잎을 완성한다. 마찬가지 방법으로 케이크 표면 전체에 샹티이 꽃잎을 짜 덮어준다. 첫 번째 둘레 파이핑을 마친 후 다음 둘레는 점점 작은 사이즈로 꽃잎을 짜 둘러준다. 남겨둔 슈 한 개를 케이크 중앙에 올려 완성한다.

무화과
FiGUE

파트 디아망
●
p. 342 재료 참조

아몬드 크림
●
p. 336 재료 참조

살짝 익힌 무화과 콩포트
●
무화과 750g
설탕 75g
무화과즙 150g

바닐라 글레이즈
●
p. 341 재료 참조

완성 재료
●
무화과 20개

파트 디아망 PÂTE DiAMANT

p. 342의 레시피를 참조해 파트 디아망 타르트 시트를 만든다.

아몬드 크림 CRÈME D'AMANDE

p. 336의 레시피를 참조해 아몬드 크림을 만든다.

살짝 익힌 무화과 콩포트 FiGUES Mi-CUiTES

무화과를 깍둑 썬 다음 설탕을 넣고 무화과즙을 조금씩 넣어가며 몇 분간 뭉근히 익힌다.

바닐라 글레이즈 NAPPAGE VANiLLE

p. 341의 레시피를 참조해 바닐라 글레이즈를 만든다.

조립하기 MONTAGE

파트 디아망 타르트 시트 안에 아몬드 크림을 깔아 채운다. 170℃ 오븐에서 8분간 굽는다. 15분 정도 식힌 뒤 살짝 익힌 무화과 콩포트를 타르트 높이 반까지 오도록 채워 넣는다. 길쭉하게 세로로 등분해 자른 생무화과를 속살이 위로 향하도록 보기 좋게 얹어준다. 바닐라 글레이즈를 붓으로 발라 윤기 나게 마무리한다.

복숭아
PÊCHE

파트 쉬크레

●

p. 342 재료 참조

바닐라 크렘 파티시에

●

우유 185g
액상 생크림 30g
바닐라 빈 1줄기
달걀 60g
설탕 50g
커스터드 분말 16g
버터 20g
마스카르포네 40g

바닐라 아몬드 크림

●

p. 336 재료 참조

복숭아 레몬버베나 젤

●

복숭아 퓌레 400g
설탕 40g
한천 분말(agar-agar) 5g
생 레몬버베나 잎 5장
버베나 페퍼콘
(*Litsea cubeba*) 2g

완성 재료

●

백도 5개
황도 5개
천도복숭아 50g
백도 50g
붉은 복숭아 50g
투명 나파주 100g
바닐라 펄(바닐라 빈 가루) 1g

파트 쉬크레 PÂTE SUCRÉE

p. 342의 레시피를 참조해 파트 쉬크레를 만든다.

바닐라 크렘 파티시에 CRÈME PÂTISSIÈRE VANILLE

p. 336의 레시피를 참조해 바닐라 크렘 파티시에를 만든다.

바닐라 아몬드 크림 CRÈME D'AMANDE VANILLÉE

p. 336의 레시피를 참조해 바닐라 아몬드 크림을 만든다.

복숭아 레몬버베나 젤 GEL PÊCHE-VERVEINE

소스팬에 복숭아 퓌레를 넣고 끓인다. 미리 섞어둔 설탕과 한천 분말을 넣고 핸드블렌더로 갈아 혼합한다. 젤이 식으면 써머믹스(Thermomix®)에 돌린 뒤 잘게 썬 레몬버베나 잎과 굵직하게 부순 버베나 페퍼콘을 넣고 잘 섞어준다.

조립하기 MONTAGE

파트 쉬크레 시트 안에 아몬드 크림을 깔아 채운다. 170℃ 오븐에서 8분간 굽는다. 15분 정도 식힌다. 백도와 황도 10개의 껍질을 벗긴 뒤 얇게 세로로 자른다. 타르트 중앙에 크렘 파티시에를 동그랗게 짜 넣어 기준점으로 삼는다. 케이크 맨 가장자리에 크렘 파티시에를 동그랗게 짜 얹은 다음 중앙의 동그란 크림 쪽으로 끌면서 덮어준다. 복숭아 레몬버베나 젤도 같은 방식으로 짜준다. 이와 같은 방법으로 크렘 파티시에와 젤을 번갈아 짜며 케이크 표면을 모두 덮어준다. 큐브 모양으로 작게 썬 세 종류의 복숭아 과육을 고루 얹은 다음 스패출러로 매끈하게 정리해준다. 길쭉하게 세로로 썬 복숭아를 꽃모양으로 빙 둘러 얹는다. 소스팬에 투명 나파주와 바닐라 펄을 넣고 끓을 때까지 가열한다. 스프레이 건에 넣은 뒤 케이크에 분사해 윤기 나게 마무리한다.

살구
ABRiCOT

브리오슈 퀴유테
●
p. 335 재료 참조

살구 마멀레이드
●
살구 385g
살구 퓌레 45g
올리브오일 1바퀴
설탕 30g
글루코스 분말 30g
펙틴 NH 6g
주석산 2g

세이보리 샹티이
●
액상 생크림 430g
세이보리 20g
설탕 15g
마스카르포네 45g
젤라틴 매스 14g
(젤라틴 가루 2g + 물 12g)

바닐라 글레이즈
●
p. 341 재료 참조

구운 살구
●
살구 7개
버터 20g
꿀 50g

브리오슈 푀유테 BRIOCHE FEUILLETÉE

p. 335의 레시피를 참조해 브리오슈 푀유테를 만든다.

살구 마멀레이드 MARMELADE ABRICOT

소스팬에 살구와 살구 퓌레, 올리브오일을 넣고 볶듯이 익힌다. 약불로 줄인 뒤 약 30분 동안 뭉근히 익힌다. 설탕, 글루코스, 펙틴, 주석산을 넣고 잘 섞은 뒤 1분간 끓인다. 냉장고에 넣어둔다.

세이보리 샹티이 CHANTILLY SARRIETTE

소스팬에 생크림 분량의 ⅓과 세이보리 잎, 설탕을 넣고 뜨겁게 가열한다. 끓으면 마스카르포네와 젤라틴 매스가 담긴 볼에 붓고 잘 섞어준다. 체에 거른 뒤 나머지 생크림을 조금씩 넣어가며 핸드블렌더로 갈아 혼합한다. 냉장고에 보관한다.

바닐라 글레이즈 NAPPAGE VANILLE

p. 341의 레시피를 참조해 바닐라 글레이즈를 만든다.

구운 살구 ABRICOTS RÔTIS

살구를 반으로 잘라 씨를 제거한 뒤 팬에 버터와 꿀을 넣고 굽는다. 실리콘 패드(Silpat®) 위에 구운 살구를 펼쳐 놓은 뒤 바닐라 글레이즈를 끼얹어준다.

파이핑 완성하기 POCHAGE

전동 핸드믹서를 돌려 샹티이 크림을 휘핑한다. 브리오슈 푀유테 시트 위에 마멀레이드를 한 켜 깔아준 다음 중앙에 마멀레이드를 살짝 봉긋하게 얹어준다. 글레이즈를 바른 살구를 빙 둘러 배치한다. 생토노레 깍지 (n°.20)를 끼운 짤주머니를 이용해 불꽃 모양으로 샹티이 크림을 짜 얹는다. 바깥쪽에서 시작해 안쪽으로 진행하며, 사이사이 공간을 메꾸는 방식으로 파이핑해준다. 중앙에 구운 살구를 한 조각 올려 완성한다.

멜론
MELON

멜론 소르베
●

물 140g

설탕 110g

글루코스 분말 60g

블렌더에 간 멜론 과육 650g

레몬즙 20g

머랭
●

달걀흰자 125g

설탕 125g

슈거파우더 125g

바닐라 샹티이
●

p. 335 재료 참조

멜론
●

멜론 2개

멜론 소르베 SORBET MELON

소스팬에 물을 넣고 가열한다. 미리 섞어둔 설탕과 글루코스 분말을 넣고 끓을 때까지 가열한다. 블렌더로 간 멜론 과육과 멜론즙에 뜨거운 시럽을 붓는다. 핸드블렌더로 갈아 혼합한다. 아이스크림 메이커에 넣고 돌려 소르베를 만든다. 냉동실에 보관한다.

머랭 MERINGUE

전동 스탠드 믹서 볼에 달걀흰자를 넣고 설탕을 세 번에 나누어 넣어가며 거품기를 돌려 머랭을 만든다. 거품기를 들어올렸을 때 새 부리 모양으로 끝이 뾰족해질 때까지 단단하게 거품을 올린다. 체에 친 슈거파우더를 넣고 주걱으로 살살 섞어준다. 실리콘 패드(Silpat®)를 깐 오븐팬 위에 꽃모양 틀을 엎어 놓고 그 위에 머랭을 짜 덮어준다. 90℃ 오븐에서 1시간~1시간 30분간 굽는다. 식힌 뒤 조심스럽게 틀에서 떼어낸다. 꽃모양의 타르트 셸 머랭을 뒤집어준다.

바닐라 샹티이 크림 CHANTILLY VANILLE

p. 335의 레시피를 참조해 바닐라 샹티이 크림을 만든다.

멜론 MELON

물방울 모양의 쿠키 커터를 이용해 멜론 과육을 잘라낸다.

조립하기 MONTAGE

전동 핸드믹서를 돌려 샹티이 크림을 가나슈를 휘핑한다. 꽃모양 머랭 타르트 셸에 소르베를 1cm 두께로 깔아 준다. 지름 10mm 원형 깍지를 끼운 짤주머니로 샹티이 크림을 작은 방울 모양으로 짜 얹는다. 바깥쪽에서 시작해 안쪽으로 빙 둘러가며 짜 채워준다. 물방울 모양으로 잘라 둔 멜론을 중심부터 시작해 보기 좋게 올려준다.

가을

AUTOMNE

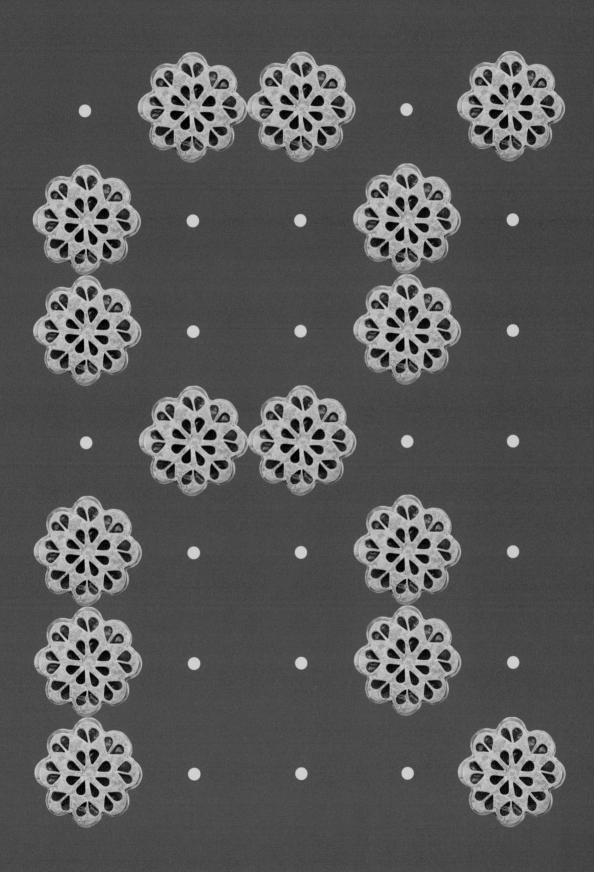

유자
YUZU

사블레 브르통 크러스트
●

p. 343 재료 참조

팽 드 젠 비스퀴
●

p. 335 재료 참조

유자 가나슈
●

액상 생크림 800g
젤라틴 매스 42g
(젤라틴 가루 7g + 물 35g)
화이트 커버처 초콜릿
(ivoire) 215g
유자즙 180g

레몬 마멀레이드 인서트
●

레몬즙 300g
설탕 30g
한천 분말(aga-agar) 5g
잔탄검 1g
생민트잎 15g
핑거라임 55g
레몬 콩피 170g
레몬 과육 세그먼트 40g

옐로 코팅
●

p. 338 재료 참조

골드 글리터
●

키르슈(체리 브랜디) 220g
식용 금가루 120g

사블레 브르통 크러스트 SABLE BRETON RECONSTITUE

p. 343의 레시피를 참조해 사블레 브르통 크러스트를 만든다.

팽 드 젠 비스퀴 BISCUIT PAIN DE GENES

p. 335의 레시피를 참조해 팽 드 젠 비스퀴를 만든다.

유자 가나슈 GANACHE YUZU

하루 전, 소스팬에 생크림 분량의 반을 넣고 뜨겁게 가열한다. 젤라틴 매스를 넣고 섞어준다. 뜨거운 생크림을 잘게 다진 초콜릿에 조금씩 부어가며 섞는다. 나머지 분량의 생크림을 넣고 유자즙을 넣어준다. 핸드블렌더로 갈아 균일하게 혼합한다. 냉장고에 약 12시간 동안 넣어 휴지시킨다.

레몬 마멀레이드 인서트
INSERT MARMELADE CITRON JAUNE

소스팬에 레몬즙을 넣고 끓을 때까지 가열한다. 미리 섞어둔 설탕과 한천 분말을 넣고 잘 섞는다. 젤이 식으면 써머믹스(Thermomix®)에 넣고 돌린다. 젤을 잘 풀어준 다음 잔탄검을 넣는다. 젤에 잘게 썬 민트잎, 핑거라임 과육 알갱이, 아주 잘게 다진 레몬 콩피, 불규칙한 모양으로 잘게 썬 레몬 과육 세그먼트를 넣고 잘 섞어준다. 지름 16cm 원형 틀 안에 채워 넣은 뒤 냉동실에 3시간 동안 넣어 굳힌다.

옐로 코팅 ENROBAGE JAUNE

p. 338의 레시피를 참조해 옐로 코팅 혼합물을 만든다.

골드 글리터 SCINTILLANT OR

키르슈와 식용 금가루를 섞어준다.

조립하기 MONTAGE

전동 핸드믹서를 돌려 가나슈를 휘핑한다. 사블레 브르통 크러스트를 팽 드 젠 비스퀴와 같은 크기로 자른다. 사블레 브르통 크러스트 위에 팽 드 젠 비스퀴를 올린다. 그 위에 레몬 마멀레이드 인서트를 얹어준다. 냉동실에 6시간 동안 넣어둔다. 지름 18cm 실리콘 케이크 틀(Pavoni®) 안쪽 면 전체에 가나슈를 짜 넣는다. 인서트를 정중앙에 놓기 편하도록 중앙 부분에는 가나슈를 조금 더 짜 넣는다. 냉동실에 넣어두었던 인서트를 틀 중앙에 놓는다. 가나슈를 짜 전체적으로 덮어준 다음 스패출러로 매끈하게 정리한다. 냉동실에 6시간 동안 넣어 굳힌다. 조심스럽게 틀을 제거한다.

파이핑 완성하기 POCHAGE

Step 1

생토노레 깍지(n°.104)를 끼운 짤주머니를 이용해 케이크 바깥쪽부터 파이핑을 시작한다. 깍지가 수평이 되도록 들고 아래쪽에서 위쪽으로 큰 꽃잎 모양을 짜서 빙 둘러준다. 케이크 맨 위까지 도달하면 중앙 부분 꽃모양 파이핑을 위해 자리를 남겨둔다.

Step 2

같은 깍지를 끼운 짤주머니를 이번에는 세로로 들고 케이크 중앙에 꽃모양을 짜 올린다. 정중앙에 가나슈로 기준점을 하나 짜준 다음 바깥쪽에서 안쪽을 향해 중앙의 기준점까지 오도록 불규칙한 선 모양을 짜 빙 둘러준다.

Step 3

지름 1mm 원형 깍지를 끼운 짤주머니로 케이크 중앙에 가나슈를 작은 점처럼 뾰족하게 짜넣어 꽃술을 표현한다. 옐로 코팅 혼합물을 스프레이 건으로 분사해 전체적으로 고루 색을 입힌다. 골드 글리터도 마찬가지 방법으로 분사해준다. 냉장고에 4시간 동안 넣어둔다.

파리

헤이즐넛 프랄리네

●

p. 342 재료 참조

바닐라 크렘 파티시에

●

p. 336 재료 참조

파리 브레스트 크림

●

바닐라 크렘 파티시에 300g
헤이즐넛 프랄리네 200g
버터 100g
마스카르포네 140g
젤라틴 매스 21g
(젤라틴 가루 3g + 물 18g)

파트 쉬크레

●

p. 342 재료 참조

헤이즐넛 크리스피

●

p. 337 재료 참조

슈 반죽

●

p. 341 재료 참조

완성 재료

●

잔두야 250g

바닐라 글레이즈

●

투명 나파주 100g
바닐라 펄
(또는 바닐라 빈 가루) 1g

헤이즐넛 프랄리네 PRALINÉ NOISETTE

p. 342의 레시피를 참조해 헤이즐넛 프랄리네를 만든다.

바닐라 크렘 파티시에 CRÈME PÂTISSIÈRE VANILLE

p. 336의 레시피를 참조해 바닐라 크렘 파티시에를 만든다.

파리 브레스트 크림 CRÈME PARIS-BREST

뜨거운 크렘 파티시에에 재료를 모두 넣는다. 핸드블렌더로 갈아 혼합한다. 냉장고에 12시간 동안 넣어둔다.

파트 쉬크레 PÂTE SUCRÉE

p. 342의 레시피를 참조해 파트 쉬크레를 만든다.

헤이즐넛 크리스피 CROUSTILLANT NOISETTE

p. 337의 레시피를 참조해 헤이즐넛 크리스피를 만든다.

슈 반죽 PÂTE À CHOUX

p. 341의 레시피를 참조해 슈 반죽을 만든다.

조립하기 MONTAGE

파트 쉬크레 시트 안에 헤이즐넛 크리스피를 ¾ 높이까지 채워 넣는다. 구워낸 슈의 반에 잔두야 240g을, 나머지 반에는 헤이즐넛 프랄리네를 채워 넣는다. 파트 쉬크레 위에 두 가지 속을 채운 슈를 교대로 한 개씩 빙 둘러 올린다. 헤이즐넛 프랄리네를 채운 슈 중에서 가장 모양이 보기 좋은 것을 마지막 완성용으로 한 개 남겨둔다. 사이사이 빈 공간에 파리 브레스트 크림을 짜 채워준 다음 표면을 스패출러로 매끈하게 정리한다. 따로 남겨둔 슈를 정중앙에 놓고 녹인 잔두야 10g으로 덮어준다.

파이핑 완성하기 POCHAGE

전동 핸드믹서를 돌려 파리 브레스트 크림을 휘핑한다. 케이크를 메탈 지지대 위에 올린 다음 생토노레 깍지 (nº.125)를 끼운 짤주머니를 이용해 중앙을 기점으로 불규칙한 크기의 꽃잎 모양을 짜준다. 중앙부터 시작해 작은 곡선들을 왼쪽에서 오른쪽으로 짜 2cm 크기의 작은 원을 만든 점점 더 사이즈를 늘여가며 바깥쪽으로 빙 둘러 짜준다. 새로 꽃잎을 짤 때는 바로 전 짠 꽃잎의 반 되는 지점부터 시작해 자연스럽게 겹쳐준다.

바닐라 글레이즈 NAPPAGE VANILLE

소스팬에 투명 나파주와 바닐라 펄을 넣고 끓을 때까지 가열한다. 혼합물을 스프레이 건으로 케이크 위에 고루 분사해 윤기 나게 마무리한다.

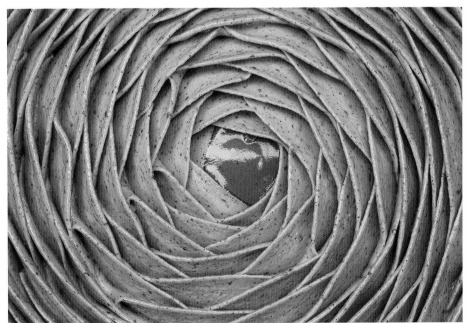

키르슈 가나슈
●
액상 생크림 440g
화이트 초콜릿 100g
젤라틴 매스 25g
(젤라틴 가루 3.5g + 물 21.5g)
키르슈(체리브랜디) 30g

초콜릿 코팅
●
카카오 버터 50g
다크 초콜릿
(카카오 70%) 50g

밀가루를 넣지 않은 초콜릿 스펀지
●
달걀노른자 135g
설탕 210g
달걀흰자 190g
코코아 가루 60g

초콜릿 크리스피
●
초콜릿 코팅 혼합물 50g
플뢰르 드 셀 초콜릿 사블레 240g

그리요트 체리 젤
●
그리요트 체리 퓌레 500g
잔탄검 6g
그리요트 체리 750g
키르슈에 절인 그리요트 125g

플뢰르 드 셀 초콜릿 사블레
●
p. 343 재료 참조

차콜 블랙 코팅
●
p. 338 재료 참조

키르슈 가나슈 GANACHE KIRSCH

하루 전, 소스팬에 생크림 분량의 반을 넣고 끓을 때까지 가열한다. 볼에 잘게 다진 초콜릿과 젤라틴 매스를 넣은 뒤 뜨거운 생크림을 붓고 잘 섞는다. 나머지 분량의 생크림과 키르슈를 넣고 핸드블렌더로 갈아 균일하게 혼합한다. 체에 거른 뒤 냉장고에 약 12시간 동안 넣어 휴지시킨다.

밀가루를 넣지 않은 초콜릿 스펀지
BISCUIT CHOCOLAT SANS FARINE

볼에 달걀노른자와 설탕 분량의 반을 넣고 거품기로 휘저어 섞는다. 다른 볼에 달걀흰자와 나머지 반의 설탕을 넣고 거품을 올린다. 이 둘을 혼합한 다음 코코아 가루를 넣고 섞는다. 높이 3cm 직각 오븐팬에 반죽을 부어 펼쳐놓은 다음 180℃ 오븐에서 20분간 굽는다. 오븐에서 꺼낸 스펀지를 지름 16cm 링으로 찍어낸 뒤 다시 지름 14cm 링으로 안을 찍어내 폭 2cm의 링 모양 시트를 만든다.

플뢰르 드 셀 초콜릿 사블레
SABLÉ CHOCOLAT-FLEUR DE SEL

p. 343의 레시피를 참조해 플뢰르 드 셀 초콜릿 사블레를 만든다.

초콜릿 코팅 ENROBAGE CHOCOLAT

카카오 버터를 녹인 뒤 잘게 다진 초콜릿에 붓는다. 핸드블렌더로 갈아 균일하게 혼합한다.

초콜릿 크리스피 CROUSTILLANT CHOCOLAT

초콜릿 코팅 혼합물과 플뢰르 드 셀 초콜릿 사블레를 섞는다. 지름 14cm 링을 16cm 링 안에 넣고 그 사이에 크리스피 혼합물을 채워 깔아 링 모양을 만든다.

그리요트 체리 젤 GEL GRIOTTES

그리요트 체리 퓌레에 잔탄검을 넣고 블렌더로 간다. 그리요트 체리를 넣어준다. 링 모양의 초콜릿 스펀지 위에 부어 올려 인서트를 만든다. 냉동실에 6시간 동안 넣어 굳힌다.

차콜 블랙 코팅 ENROBAGE CHARBON

p. 338의 레시피를 참조해 차콜 블랙 코팅 혼합물을 만든다.

조립하기 MONTAGE

젤을 얹은 스펀지 케이크를 링 모양의 크리스피 위에 얹어준다. 가나슈를 얇게 한 켜 발라준 뒤 체리 젤로 마무리해준다. 냉동실에 2시간 동안 넣어둔다. 지름 18cm 링 모양 케이크 틀 안쪽 면 전체에 가나슈를 짜 넣는다. 냉동실에 얼린 링 모양 인서트를 틀 안에 넣어준다. 가나슈로 덮어준 뒤 스패출러로 매끈하게 정리한다. 냉동실에 6시간 동안 넣어 굳힌다. 케이크를 조심스럽게 틀에서 빼낸다.

파이핑 완성하기 POCHAGE

전동 핸드믹서를 돌려 남은 가나슈를 휘핑한다. 생토노레 깍지(nº.125)를 끼운 짤주머니를 이용해 케이크의 폭을 따라가며 파이핑한다. 깍지 팁을 완전히 세로로 들고 불규칙한 모양의 곡선 모양을 짜준다. 링의 안쪽에서 시작하며 아래쪽에서 위쪽을 향해 가나슈를 짜준다. 맨 위에서 멈춘 뒤 다시 케이크 바깥쪽으로 같은 방법으로 반복해서 파이핑한다. 차콜 블랙 코팅 혼합물을 스프레이 건으로 분사해 전체적으로 검은색을 입힌다. 냉장고에 약 4시간 동안 보관한다.

피칸
NOiX DE PÉCAN

공통 기본

피칸 크림
●

버터 65g
설탕 65g
피칸 가루 65g
달걀 65g

피칸 프랄리네
●

p. 343 재료 참조

오페라 버전 플라워 타르트

파트 디아망
●

p. 342 재료 참조

캐러멜 소스
●

p. 335 재료 참조

캐러멜라이즈드 피칸
●

피칸 200g
설탕 60g
물 25g
주석산 1g

뫼리스 버전 너트 모양 타르트

피칸 가나슈
●

액상 생크림 500g
달걀노른자 50g
설탕 25g
젤라틴 매스 10g
(젤라틴 가루 1.5g + 물 8.5g)
피칸 페이스트 150g
피칸 젤 150g
마스카르포네 200g

파트 쉬크레
●

p. 342 재료 참조

피칸 프랄리네
●

피칸 500g
설탕 125g
소금(플뢰르 드 셀) 10g

피칸 크리스피
●

p. 337 재료 참조

호두 밀크
●

우유 500g
호두 50g

피칸 젤
●

호두 밀크 500g
설탕 35g
달걀노른자 90g
잔탄검 5g
피칸 페이스트 75g

초콜릿 코팅
●

카카오 버터 200g
밀크 초콜릿 50g
화이트 초콜릿 150g
식용 색소(노랑) 1g

피칸 크림 CRÈME PÉCAN

전동 스탠드 믹서 볼에 버터와 설탕, 피칸 가루를 넣고 플랫비터를 돌려 섞어준다. 달걀을 조금씩 넣으며 계속 섞어준다. 냉장고에 넣어둔다.

피칸 프랄리네 PRALINÉ PÉCAN

p. 343의 레시피를 참조해 피칸 프랄리네를 만든다.

오페라 버전 플라워 타르트
EN TARTE, VERSION OPÉRA

베이스 재료 BASE COMMUNE

피칸 크림과 피칸 프랄리네를 만든다.

파트 디아망 PÂTE DIAMANT

p. 342의 레시피를 참조해 파트 디아망 타르트 시트를 만든다.

캐러멜 소스 CARAMEL ONCTUEUX

p. 335의 레시피를 참조해 걸쭉한 캐러멜 소스를 만든다.

캐러멜라이즈드 피칸 NOIX DE PÉCAN CARAMÉLISÉES

피칸을 170℃ 오븐에서 15분간 로스팅한다. 소스팬에 설탕, 물, 주석산을 넣고 끓여 캐러멜을 만든다. 캐러멜이 갈색을 띠기 시작하면 피칸을 넣고 몇 분간 저으며 캐러멜라이즈한다. 실리콘 패드(Silpat®)를 깐 오븐팬 위에 캐러멜라이즈한 피칸을 덜어낸다. 피칸이 서로 달라붙지 않도록 하나씩 떼어놓는다.

조립하기 MONTAGE

파트 디아망 타르트 시트 안에 피칸 크림을 깔아 채운다. 170℃ 오븐에서 8분간 굽는다. 캐러멜 소스를 한 켜 덮어준다. 피칸 프랄리네를 점점이 짜 놓는다. 캐러멜라이즈드 피칸을 꽃모양으로 빙 둘러 얹어준다.

피칸 가나슈 GANACHE PECAN

소스팬에 생크림을 넣고 끓을 때까지 가열한다. 볼에 달걀노른자와 설탕을 넣고 거품기로 휘저어 섞는다. 끓는 생크림을 조금 붓고 잘 섞은 뒤 모두 소스팬으로 옮겨 담고 가열해 크렘 앙글레즈를 만든다. 2분 정도 끓인다. 젤라틴 매스, 피칸 페이스트, 피칸 젤을 넣고 핸드블렌더로 갈아 균일하게 혼합한다. 체에 거른 뒤 마스카르포네를 넣고 잘 섞어준다. 냉장고에 약 12시간 동안 넣어 휴지시킨다.

베이스 재료 BASE COMMUNE

피칸 크림과 피칸 프랄리네를 만든다.

파트 쉬크레 PÂTE SUCRÉE

전동 스탠드 믹서 볼에 버터, 슈거파우더, 헤이즐넛 가루, 소금을 넣고 플랫비터를 돌려 섞어준다. 달걀을 넣고 계속 섞어준다. 이어서 밀가루와 전분을 넣고 균일한 혼합물이 되도록 반죽한다. 둥글게 뭉쳐 랩으로 싼 다음 냉장고에 넣어 휴지시킨다. 반죽을 3mm 두께로 민 다음 길이 8~10cm의 갸름한 모양(barquette 또는 calisson) 실리콘 틀에 맞춰 안에 깔아준다. 밖으로 나온 시트의 여유분은 칼로 깔끔하게 잘라낸다. 포크로 바닥을 콕콕 찍어 구멍을 낸다. 165℃ 오븐에서 25분간 굽는다.

피칸 프랄리네 PRALINE PECAN

p. 343의 레시피를 참조해 피칸 프랄리네를 만든다.

피칸 크리스피 CROUSTILLANT PECAN

p. 337의 레시피를 참조해 피칸 크리스피를 만든다.

호두 밀크 LAIT DE NOIX

우유와 호두를 착즙 주서기에 넣고 갈아 착즙한다.

피칸 젤 GEL NOIX DE PECAN

소스팬에 호두 밀크를 넣고 거의 끓을 때까지 가열한다. 볼에 달걀노른자와 설탕을 넣고 거품기로 휘저어 뽀얗게 섞어준다. 여기에 뜨거운 호두 밀크의 일부를 붓고 잘 섞은 다음 다시 소스팬으로 옮겨 담아 1~2분간 끓인다. 식힌다. 잔탄검과 호두 페이스트를 넣고 핸드블렌더로 갈아 혼합한다. 체에 거른 뒤 냉장고에 넣어 굳힌다.

피칸 타르트 초콜릿 코팅 ENROBAGE NOIX

소스팬에 카카오 버터를 녹인 다음 초콜릿 위에 붓는다. 식용 색소를 넣고 핸드블렌더로 갈아 균일하게 혼합한다.

조립하기 MONTAGE DES NOIX DE PECAN SCULPTEES

구워낸 파트 쉬트레 시트 안에 피칸 크림을 깔아 채워준다. 170℃에서 8분간 굽는다. 피칸 크리스피를 한 켜 채워 넣은 뒤 스패출러로 매끈하게 정리한다. 타르트 시트보다 약간 작은 사이즈의 같은 모양 실리콘 틀 안에 피칸 젤을 채워 넣는다. 냉동실에 넣어 굳힌다.

파이핑 완성하기 POCHAGE

전동 핸드믹서를 돌려 가나슈를 휘핑한다. 지름 6mm 원형 깍지를 끼운 짤주머니를 이용해 인서트 위에 거칠고 불규칙한 모양의 선을 짜 호두 껍데기 모양을 표현한다. 갸름한 모양의 뾰족한 한쪽 끝에서 시작해 반대편 쪽으로 선을 짜준다. 인서트를 나무 꼬치로 찌른 뒤 30℃로 맞춰둔 초콜릿 코팅에 담갔다 뺀다. 메이크업용 브러시에 코코아 가루를 묻힌 뒤 호두 모양 타르트 위에 군데군데 톡톡 찍어준다. 너무 많이 묻은 부위는 면포로 살살 문질러 자연스럽게 번지게 해준다. 나무 꼬치를 조심스럽게 뺀 다음 타르트 시트 위에 얹어준다.

피스타치오
PiSTACHE

피스타치오 가나슈
●
p. 340 재료 참조

피스타치오 젤
●
p. 341 재료 참조

피스타치오 프랄리네
●
p. 343 재료 참조

피스타치오 크리스피
●
p. 337 재료 참조

피스타치오 다쿠아즈
●
달걀흰자 80g
설탕 35g
아몬드 가루 70g
밀가루 15g
슈거파우더 55g

피스타치오 밀크
●
p. 341 재료 참조

그린 코팅
●
p. 338 재료 참조

피스타치오 가나슈 GANACHE PISTACHE

p. 340의 레시피를 참조해 피스타치오 가나슈를 만든다.

피스타치오 프랄리네 PRALINE PISTACHE

p. 343의 레시피를 참조해 피스타치오 프랄리네를 만든다.

피스타치오 밀크 LAIT DE PISTACHE

p. 341의 레시피를 참조해 피스타치오 밀크를 만든다.

피스타치오 젤 GEL PISTACHE

p. 341의 레시피를 참조해 피스타치오 젤을 만든다.

피스타치오 크리스피 CROUSTILLANT PISTACHE

p. 337의 레시피를 참조해 피스타치오 크리스피를 만든다.

피스타치오 다쿠아즈 DACQUOISE PISTACHE

프렌치 머랭을 만든다. 우선 전동 스탠드 믹서 볼에 달걀흰자를 넣고 설탕을 세 번에 나누어 넣어가며 거품기를 돌려 머랭을 만든다. 거품기를 들어올렸을 때 새 부리 모양으로 끝이 뾰족해질 때까지 단단하게 거품을 올린다. 아몬드 가루, 밀가루, 슈거파우더를 넣고 주걱으로 섞어준다. 다쿠아즈 혼합물을 짤주머니에 채워 넣은 뒤 지름 16cm 케이크 링에 짜 넣는다. 170°C 오븐에서 16분간 굽는다.

그린 코팅 ENROBAGE VERT

p. 338의 레시피를 참조해 그린 코팅 혼합물을 만든다.

조립하기 MONTAGE

전동 핸드믹서를 돌려 가나슈를 휘핑한다. 피스타치오 크리스피를 조심스럽게 링에서 분리한다. 같은 사이즈의 케이크 링 안에 아세테이트 띠지를 두른다. 크리스피를 이 링 안에 넣어 깔아준 다음 원형 다쿠아즈를 그 위에 놓는다. 피스타치오 프랄리네를 얇게 한 켜 덮어준 다음 그 위에 피스타치오 젤을 한 켜 발라준다. 냉동실에 3시간 동안 넣어둔다. 지름 18cm 실리콘 케이크 틀(Pavoni®) 안쪽 면 전체에 가나슈를 짜 넣는다. 인서트를 정중앙에 놓기 편하도록 중앙 부분에는 가나슈를 조금 더 짜 넣는다. 냉동실에 넣어두었던 인서트를 중앙에 놓는다. 가나슈를 짜 전체적으로 덮어준 다음 스패출러로 매끈하게 정리한다. 냉동실에 6시간 동안 넣어 굳힌다. 케이크의 틀을 조심스럽게 제거한다.

파이핑 완성하기 POCHAGE

생토노레 깍지(nº.104)를 끼운 짤주머니에 가나슈를 채워 넣는다. 케이크 둘레 가장자리에서 시작해 중앙 쪽으로 폭 2~3cm 크기의 물결 모양을 짜준다. 냉동실에 넣어둔다. 지름 6cm 원형 커터로 중앙을 찍어낸다. 그린 코팅 혼합물을 스프레이 건으로 분사해 보기 좋게 색을 입힌다. 가운데 빈 공간에 피스타치오 프랄리네를 넣어 채운다. 먹기 전까지 냉장고에 4시간 동안 넣어둔다.

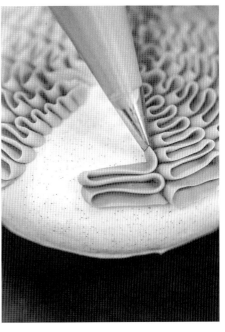

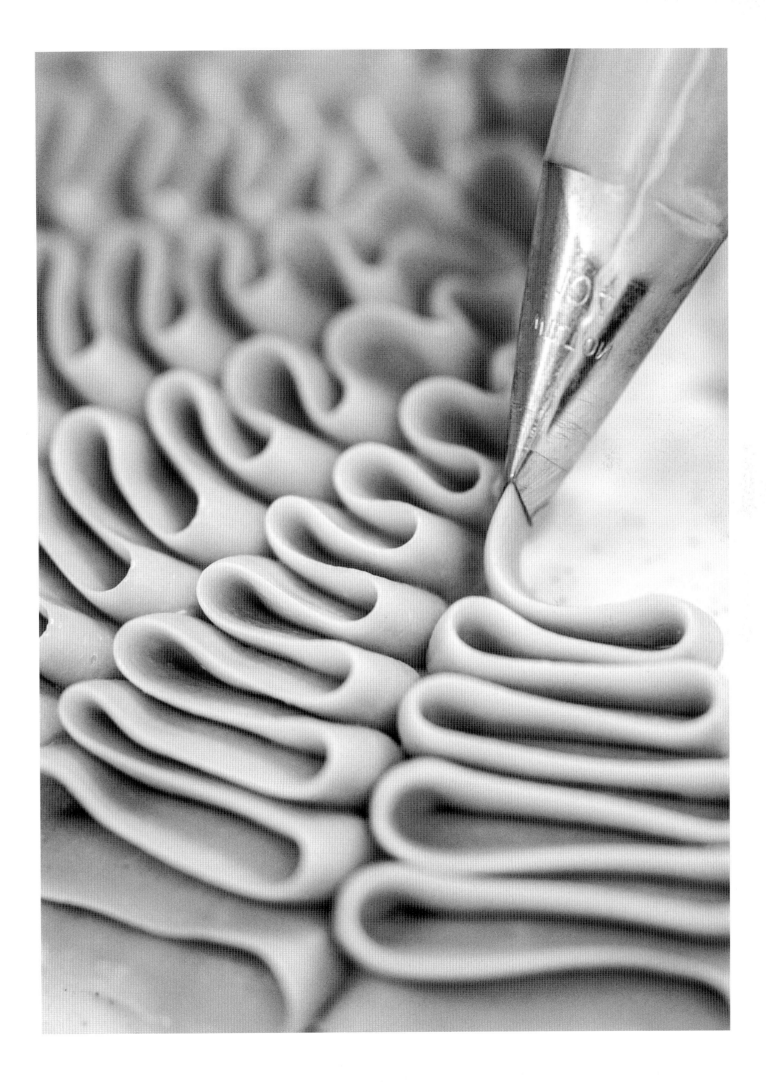

밤 & 블랙커런트

MARRON CASSIS

밤 혼합물
●

가당 연유 80g
밤 크림 200g
밤 페이스트 200g
물 40g

파트 쉬크레
●

p. 342 재료 참조

블랙커런트 마멀레이드
●

블랙커런트 385g
블랙커런트 퓌레 45g
올리브오일 한 바퀴
설탕 30g
글루코스 분말 30g
펙틴 NH 6g
주석산 2g

바닐라 샹티이
●

p. 335 재료 참조

아몬드 크림
●

p. 336 재료 참조

오렌지색 코팅
●

p. 338 재료 참조

조립
●

밤 콩피 100g

완성 재료
●

밤 콩피 1개

밤 혼합물 MÉLANGE MARRON

가당 연유를 90℃ 오븐에 4시간 동안 넣어 캐러멜라이즈한다. 식힌 다음 밤 크림(chestnut spread)과 밤 페이스트, 물을 넣고 블렌더로 갈아준다. 냉장고에 12시간 동안 넣어둔다.

파트 쉬크레 PÂTE SUCRÉE

p. 342의 레시피를 참조해 파트 쉬크레를 만든다.

블랙커런트 마멀레이드 MARMELADE CASSIS

소스팬에 블랙커런트와 블랙커런트 퓌레, 올리브오일을 넣고 볶듯이 익힌다. 약불로 줄인 뒤 약 30분 동안 뭉근히 익힌다. 설탕, 글루코스, 펙틴, 주석산을 넣고 잘 섞은 뒤 1분간 끓인다. 냉장고에 넣어둔다.

바닐라 샹티이 CHANTILLY VANILLE

p. 335의 레시피를 참조해 바닐라 샹티이 크림을 만든다.

아몬드 크림 CRÈME D'AMANDE

p. 336의 레시피를 참조해 아몬드 크림을 만든다.

오렌지색 코팅 ENROBAGE ORANGE

p. 338의 레시피를 참조해 오렌지색 코팅 혼합물을 만든다.

조립하기 MONTAGE

파트 쉬크레 시트 안에 아몬드 크림을 깔아 채운다. 170℃ 오븐에서 8분간 굽는다. 15분 정도 식힌다. 블랙커런트 마멀레이드와 밤 혼합물을 표면 전체에 점점이 짜 얹는다. 잘게 부순 밤 콩피를 고루 얹어준다. 바닐라 샹티이 크림으로 사이사이를 메꾸며 덮어준 다음 스패출러로 매끈하게 정리한다. 냉동실에 6시간 동안 넣어둔다.

파이핑 완성하기 POCHAGE

작은 사이즈의 별깍지를 끼운 짤주머니에 샹티이 크림을 채워 넣는다. 손을 위에서 아래로 움직이며 작은 물결 모양으로 파이핑을 해준다. 오렌지색 코팅 혼합물을 스프레이 건으로 고르게 분사해 색을 입힌다. 케이크 중앙에 밤 콩피를 한 개 올려 완성한다.

말차
THÉ
MATCHA

말차 가나슈

액상 생크림 780g
말차 분말 50g
화이트 커버처 초콜릿
(ivoire) 175g
젤라틴 매스 42g
(젤라틴 가루 7g + 물 35g)

아몬드 티무트 페퍼 크리스피

p. 337 재료 참조

일본식 말차 케이크 시트

우유 40g
물 40g
소금 1g
설탕 45g
말차 분말 15g
버터 20g
밀가루(T45) 35g
달걀 75g
포도씨유 25g
달걀흰자 75g
딸기(동그랗게 슬라이스한다) 40g

말차 크레뫼

우유 500g
달걀노른자 90g
설탕 35g
잔탄검 2.5g
말차 분말 25g

말차 젤

레몬즙 275g
말차 분말 15g
설탕 20g
한천 분말(agar-agar) 3g
잔탄검 1g

그린 코팅

p. 338 재료 참조

189

말차 가나슈 GANACHE AU THÉ

하루 전, 소스팬에 생크림 분량의 반을 넣고 끓을 때까지 가열한다. 여기에 말차 분말을 넣고 불에서 내린 뒤 뚜껑을 덮어 약 10분간 향을 우려낸다. 다시 불에 올려 가열한 다음 체에 거른다. 볼에 잘게 다진 화이트 초콜릿과 젤라틴 매스를 넣은 뒤 뜨거운 말차향 생크림을 붓고 잘 섞는다. 나머지 분량의 생크림을 넣고 핸드블렌더로 갈아 균일하게 혼합한다. 냉장고에 약 12시간 동안 넣어 휴지시킨다.

아몬드 티무트 페퍼 크리스피 CROUSTILLANT AMANDE-TIMUT

p. 337의 레시피를 참조해 아몬드 티무트 페퍼 크리스피를 만든다.

일본식 말차 케이크 시트 BISCUIT JAPONAIS AU MATCHA

소스팬에 우유, 물, 소금, 설탕 2.5g, 말차 분말, 버터를 넣고 끓을 때까지 가열한다. 약 1~2분간 끓인다. 밀가루를 넣고 반죽이 냄비 벽에서 쉽게 떨어질 때까지 약불에서 잘 저으며 섞어준다. 혼합물을 전동 스탠드 믹서 볼에 넣고 플랫비터를 돌려 수분이 날아가도록 잘 섞어준다. 이어서 달걀과 포도씨유를 조금씩 넣으며 계속 섞어준다. 다른 볼에 달걀흰자를 넣고 나머지 설탕을 세 번에 나누어 넣어가며 거품을 올린다. 거품기를 들어올렸을 때 끝이 새 부리 모양이 될 때까지 단단한 머랭을 만든다. 이 머랭을 반죽 안에 세 번에 나누어 넣으며 살살 섞어 매끈하고 균일한 혼합물을 완성한다. 짤주머니에 채워 넣은 뒤 지름 16cm 케이크 링 안에 1cm 두께로 짜 넣는다. 동그랗게 슬라이스한 딸기를 반죽 안에 박아 넣는다. 160℃ 오븐에서 1시간 정도 굽는다. 식힌다.

말차 크레뫼 CRÉMEUX THÉ MATCHA

소스팬에 우유를 넣고 거의 끓을 때까지 가열한다. 볼에 달걀노른자와 설탕을 넣고 거품기로 휘저어 뽀얗게 혼합한다. 여기에 뜨거운 우유의 일부를 붓고 잘 섞은 뒤 다시 소스팬에 옮겨 담아 1~2분간 끓인다. 식힌다. 잔탄검과 말차 분말을 넣고 핸드블렌더로 갈아 혼합한다. 체에 거른 뒤 냉장고에 보관한다.

말차 젤 GEL THÉ MATCHA

소스팬에 레몬즙을 넣고 끓을 때까지 가열한다. 여기에 말차 분말을 넣고 5분간 끓인다. 설탕, 잔탄검, 한천 분말을 넣고 핸드블렌더로 갈아 균일하게 혼합한다. 냉장고에 넣어둔다. 젤이 굳은 뒤 다시 한 번 핸드블렌더로 갈아준다.

그린 코팅 ENROBAGE VERT

p. 338의 레시피를 참조해 그린 코팅 혼합물을 만든다.

조립하기 MONTAGE

전동 핸드믹서를 돌려 가나슈를 휘핑한다. 말차 케이크 시트를 링에서 조심스럽게 분리한다. 같은 사이즈의 케이크 링 안에 아세테이트 띠지를 두른다. 말차 티무트 크리스피를 이 링 안에 얇게 한 켜 깔아준 다음 원형 말차 케이트 시트를 그 위에 놓는다. 말차 크레뫼를 한 켜 바르고 그 위에 말차 젤을 덮어준다. 스패출러로 매끈하게 정리한다. 냉동실에 6시간 동안 넣어둔다. 지름 18cm 실리콘 케이크 틀(Pavoni®) 안쪽 면 전체에 가나슈를 짜 넣는다. 인서트를 정중앙에 놓기 편하도록 중앙 부분에는 가나슈를 조금 더 짜 넣는다. 냉동실에 넣어두었던 인서트를 틀 중앙에 놓는다. 가나슈를 짜 전체적으로 덮어준 다음 스패출러로 매끈하게 정리한다. 냉동실에 6시간 동안 넣어 굳힌다.

파이핑 완성하기 POCHAGE

생토노레 깍지(n°.125)를 끼운 짤주머니에 가나슈를 채워 넣는다. 케이크 표면 전체에 가나슈를 파이핑한다. 앞뒤로 왔다갔다하는 동작을 반복하며 띠 모양을 얼기설기 촘촘하게 짜 생동감 있게 표현한다. 그린 코팅 혼합물을 스프레이 건으로 분사해 전체적으로 고루 색을 입힌다.

사과
POMME

파트 쉬크레
●
p. 342 재료 참조

아몬드 크림
●
p. 336 재료 참조

사과 콩포트
●
사과(granny smith 품종) 1kg
레몬즙 125g

조립
●
사과(granny smith 품종) 1개
사과(royal gala 품종) 10개

파트 쉬크레 PÂTE SUCRÉE

p. 342의 레시피를 참조해 파트 쉬크레를 만든다.

아몬드 크림 CRÈME D'AMANDE

p. 336의 레시피를 참조해 아몬드 크림을 만든다.

사과 콩포트 COMPOTE DE POMME

사과의 껍질을 벗긴 뒤 속과 씨를 제거하고 작게 깍둑 썬다. 사과와 레몬즙을 수비드용 파우치에 넣고 진공 압축한다. 100°C로 세팅한 스팀 오븐에 넣어 13분간 익힌다.

조립하기 MONTAGE

파트 쉬크레 시트 안에 아몬드 크림을 중간 높이까지 채워 넣는다. 그래니 스미스 사과를 작게 깍둑 썰어 고루 얹어준 뒤 손가락으로 살짝 눌러 박아준다. 170°C 오븐에서 8분간 굽는다. 오븐에서 꺼내 약 15분간 식힌다. 사과 콩포트를 타르트 높이의 ¾까지 채워 넣는다. 만돌린 슬라이서를 이용해 로열 갈라 사과를 껍질째 아주 얇게 슬라이스한다. 타르트 가장자리부터 사과 슬라이스를 교대로 반쯤씩 겹쳐가며 중앙 쪽으로 빙 둘러 세워 넣는다. 마지막에 사과 슬라이스 5장을 겹쳐가며 이어 돌돌 말아준 다음 타르트 중심에 박아 넣는다.

마르멜로
COING

파트 쉬크레

버터 115g
슈거파우더 70g
헤이즐넛 가루 25g
소금 1g
달걀 45g
밀가루(T65) 190g
감자 전분 60g

아몬드 크림

p. 336 재료 참조

물방울 모양 마르멜로

마르멜로 8개
물 1kg
설탕 200g
레몬즙 200g
유자즙 70g

마르멜로 마멀레이드

마멀레이드 자투리 500g
마르멜로 익힌 시럽 100g

바닐라 글레이즈

p. 341 재료 참조

파트 쉬크레 PÂTE SUCRÉE

전동 스탠드 믹서 볼에 버터, 슈거파우더, 헤이즐넛 가루, 소금을 넣고 플랫비터를 돌려 섞어준다. 달걀을 넣고 계속 섞어준다. 이어서 밀가루와 전분을 넣고 균일한 혼합물이 되도록 반죽한다. 반죽을 3mm 두께로 민 다음 지름 8cm 크기의 꽃모양 타르트 틀 안에 깔아준다. 밖으로 나온 시트의 여유분은 칼로 깔끔하게 잘라낸다. 포크로 바닥을 콕콕 찍어 구멍을 낸다. 165℃ 오븐에서 25분간 굽는다.

아몬드 크림 CRÈME D'AMANDE

p. 336의 레시피를 참조해 아몬드 크림을 만든다.

물방울 모양 마르멜로 GOUTTES DE COING

마르멜로를 깨끗이 씻은 뒤 껍질을 벗긴다. 껍질 200g은 따로 보관해둔다. 쿠키커터를 이용해 마르멜로 과육을 물방울 모양으로 잘라낸다(약 300g). 소스팬에 마르멜로 껍질과 물, 설탕, 레몬즙, 유자즙을 넣고 끓인다. 시럽이 분홍색을 띨 때까지 졸인다. 여기에 물방울 모양 마르멜로를 넣고 약 20분간 포칭한다. 마르멜로를 건져내고 시럽은 보관한다.

마르멜로 마멀레이드 MARMELADE COING

마르멜로를 익힌 시럽에 나머지 마르멜로 껍질과 자투리를 넣고 끓인다. 건더기가 뭉개져 더 이상 보이지 않을 때까지 끓여준다.

바닐라 글레이즈 NAPPAGE VANILLE

p. 341의 레시피를 참조해 바닐라 글레이즈를 만든다.

조립하기 MONTAGE

파트 쉬크레 시트 안에 아몬드 크림을 채워 넣는다. 170℃에서 8분간 굽는다. 약 15분간 식힌 뒤 마르멜로 마멀레이드를 높이의 반 정도까지 채워 넣는다. 그 위에 물방울 모양 마르멜로를 꽃모양으로 얹어준다. 붓으로 바닐라 글레이즈를 발라 윤기 나게 완성한다.

애플 프레세

PRESSÉE

POMME

브리오슈 푀유테

●

우유 125g
제빵용 생이스트 15g
밀가루(T65) 340g
소금 5g
설탕 20g
달걀 60g
버터(상온의 포마드 상태) 30g
푀유타주용 저수분 버터 180g

애플 프레세

●

사과 20개

캐러멜 소스

●

p. 335 재료 참조

브리오슈 푀유테 BRIOCHE FEUILLETÉE

전동 스탠드 믹서 볼에 버터를 제외한 모든 재료를 넣고 달걀을 조금씩 넣어가며 도우훅을 저속(속도 1)으로 돌려 혼합한다. 속도 2로 올린 다음 혼합물이 믹싱볼 벽에 더 이상 달라붙지 않고 떨어질 때까지 계속 반죽한다. 깍둑 썬 상온의 버터를 넣어준 뒤 계속 혼합해 균일한 반죽을 만든다. 상온(20~25℃)에서 1시간 동안 1차 발효시킨다. 반죽을 작업대에 덜어낸 다음 손바닥으로 눌러 공기를 빼준다. 반죽을 한 장의 직사각형으로 밀어준다. 반죽 사이즈의 반으로 납작하게 만든 푀유타주용 버터를 중앙에 놓고 반죽 양쪽 끝을 가운데로 접어 덮어준다. 반죽을 다시 길쭉하게 민 다음 3절 접기를 1회 실행한다. 다시 반죽을 길게 민 다음 4절 접기를 1회 실행한다. 다시 한 번 반죽을 길게 밀어 마지막으로 3절 접기를 1회 추가한다. 냉장고에 30분간 넣어둔다. 반죽을 얇게 민 다음 지름 18cm 크기의 꽃모양 커터를 이용해 꽃모양 시트 2장을 잘라낸다. 냉장고에 1시간 동안 넣어둔다. 시트 한 장 위에 물방울 모양의 커터를 찍어 구멍을 내준다. 둘레의 꽃잎 모양 부분과 꽃 중앙에 일정하게 물방울 모양 구멍을 만들어준다. 실리콘 패드를 깐 오븐팬 위에 물방울 구멍을 낸 시트와 구멍 없는 시트를 놓는다. 베이킹용 누름돌을 얹어 너무 많이 부풀어 오르지 않도록 한다. 175℃ 오븐에서 35분간 굽는다.

애플 프레세 PRESSÉ DE POMME

사과의 껍질을 벗긴 뒤 만돌린 슬라이서를 이용해 동그랗게 슬라이스한다. 나중에 지름 18cm 꽃모양으로 잘라낼 수 있을 정도로 넉넉한 사이즈의 정사각형 프레임 틀 안에 사과 슬라이스를 채워 넣는다. 200℃ 오븐(일반 모드)에서 1시간 동안 익힌다.

캐러멜 소스 CARAMEL ONCTUEUX

p. 335의 레시피를 참조해 걸쭉한 캐러멜 소스를 만든다.

조립하기 MONTAGE

지름 18cm 꽃모양 틀을 이용해 애플 프레세를 잘라낸다. 그 위에 캐러멜 소스를 한 켜 발라준다. 이것을 구멍을 뚫지 않은 브리오슈 푀유테 시트 위에 놓고 그 위에 물방울 무늬 구멍을 낸 꽃모양 시트를 얹어 완성한다.

가보트
GAVOTTE

●

달걀흰자 105g
슈거파우더 90g
밀가루 45g
물 470g
버터 45g
소금 3g
기호에 따라 선택 : 코코넛 슈레드, 호박씨,
잣, 카카오닙스, 피스타치오 분태,
헤이즐넛 분태 등

바닥이 둥근 믹싱볼에 달걀흰자와 슈거파우더, 밀가루를 넣고 섞는다. 동시에 소스팬에 물과 버터, 소금을
넣고 끓을 때까지 가열한 다음 믹싱볼의 혼합물 위에 붓고 잘 섞는다. 실리콘 패드(Silpat®)를 깐 오븐팬
위에 반죽 혼합물을 1mm 두께로 얇게 펼쳐 놓는다. 기호에 따라 선택한 견과류를 고루 뿌린다. 175℃
오븐에서 20분간 굽는다. 오븐에서 꺼내자마자 실리콘 패드의 네 귀퉁이를 모아 잡고 중앙 쪽으로 구기듯이
접어 꽃모양을 만든다. 이 상태로 금방 굳을 것이다. 매우 뜨거우니 반드시 장갑을 끼고 이 작업을 진행한다.

만다린 귤
MANDARINE

티무트 페퍼 가나슈
●

p. 340 재료 참조

유자 젤
●

유자즙 200g
설탕 20g
한천 분말(agar-agar) 3g

만다린 티무트 페퍼 인서트
●

신선 만다린 귤즙 500g
설탕 25g
한천 분말(agar-agar) 10g
유자즙 50g
잔탄검 5g
티무트 페퍼 10g
만다린 귤 콩피 165g

아몬드 만다린 다쿠아즈
●

달걀흰자 80g
설탕 35g
아몬드 가루 70g
밀가루 15g
슈거파우더 55g
만다린 귤 1개

화이트 코팅
●

p. 338 재료 참조

완성 재료
●

만다린 귤 3개

티무트 페퍼 가나슈 GANACHE TIMUT

p. 340의 레시피를 참조해 티무트 페퍼 가나슈를 만든다.

유자 젤 GEL YUZU

소스팬에 유자즙을 넣고 끓을 때까지 가열한다. 미리 섞어둔 설탕과 한천 분말을 넣어준다. 핸드블렌더로 갈아 혼합한 다음 냉장고에 1시간 동안 넣어 굳힌다.

만다린 티무트 페퍼 인서트 INSERT MANDARINE-TIMUT

소스팬에 만다린 귤즙을 넣고 끓을 때까지 가열한다. 미리 섞어둔 설탕과 한천 분말을 넣어준다. 핸드블렌더로 갈아 혼합한 다음 냉장고에 1시간 동안 넣어 굳힌다. 여기에 유자즙과 잔탄검, 티무트 페퍼를 넣고 다시 한 번 핸드블렌더로 갈아준다. 만다린 귤 콩피를 넣고 잘 섞어준다.

아몬드 만다린 다쿠아즈 DACQUOISE AMANDE-MANDARINE

프렌치 머랭을 만든다. 우선 전동 스탠드 믹서 볼에 달걀흰자를 넣고 설탕을 세 번에 나누어 넣어가며 거품기를 돌려 머랭을 만든다. 거품기를 들어올렸을 때 새 부리 모양으로 끝이 뾰족해질 때까지 단단하게 거품을 올린다. 체에 친 아몬드 가루, 밀가루, 슈거파우더를 넣고 주걱으로 섞어준다. 다쿠아즈 혼합물을 짤주머니에 채워 넣은 뒤 지름 20cm 케이크 링에 짜 넣는다. 만다린 귤의 껍질을 까고 과육을 분리한 다음 다쿠아즈 반죽 위에 고루 배치한다. 손으로 살짝 눌러 박아 넣는다. 170°C 오븐에서 16분간 굽는다.

화이트 코팅 ENROBAGE BLANC

p. 338의 레시피를 참조해 화이트 코팅 혼합물을 만든다.

조립하기 MONTAGE

전동 핸드믹서를 돌려 가나슈를 휘핑한다. 다쿠아즈 시트를 링에서 조심스럽게 분리한다. 같은 사이즈의 케이크 링 안에 다쿠아즈를 깔아준 다음 만다린 티무트 페퍼 인서트를 한 켜 얹어준다. 그 위에 유자 젤을 점점이 짜 넣는다. 인서트의 총 높이가 2.5cm를 초과하지 않도록 한다. 냉동실에 4시간 동안 넣어둔다. 지름 18cm 실리콘 케이크 틀(Pavoni®) 안쪽 면 전체에 가나슈를 짜 넣는다. 인서트를 정중앙에 놓기 편하도록 중앙 부분에는 가나슈를 조금 더 짜 넣는다. 냉동실에 넣어두었던 인서트를 틀 중앙에 놓는다. 가나슈를 짜 전체적으로 덮어준 다음 스패출러로 매끈하게 정리한다. 냉동실에 6시간 동안 넣어 굳힌다.

파이핑 하기 POCHAGE

생토노레 깍지(n°.125)를 끼운 짤주머니에 가나슈를 채운 뒤 케이크 중앙에서 바깥쪽을 향해 큰 띠 모양을 세우듯이 전체적으로 짜 올린다. 냉동실에 3시간 동안 넣어둔다.

완성하기 FiNiTiON

만다린 귤의 껍질을 까고 과육을 분리한 다음 전자레인지에 넣어 15~30초간 돌린다. 조각의 흰 껍질 윗부분을 자른 뒤 안의 과육 펄프만 분리해낸다. 지름 8cm 원형 커터로 케이크 중앙을 찍어낸다. 화이트 코팅 혼합물을 스프레이 건으로 케이크 전체에 고루 분사한다. 중앙의 빈 공간에 만다린 귤 펄프를 채워 넣는다. 먹기 전까지 냉장고에 4시간 동안 보관한다.

쉭세
SUCCÈS

파트 쉬크레
●

p. 342 재료 참조

헤이즐넛 다쿠아즈
●

달걀흰자 80g
설탕 35g
헤이즐넛 가루 70g
밀가루 15g
슈거파우더 55g
만다린 귤 1개

헤이즐넛 프랄리네
●

p. 342 재료 참조

헤이즐넛 크리스피
●

헤이즐넛 프랄리네 250g
크리스피 푀유틴 50g
카카오 버터 12g

파리 브레스트 크림
●

우유 140g
액상 생크림 60g
바닐라 펄(또는 바닐라 빈 가루) 2g
달걀노른자 35g
설탕 35g
커스터드 분말 10g
밀가루 10g
버터 60g
카카오 버터 12g
바닐라 크렘 파티시에 300g
젤라틴 매스 28g
(젤라틴 가루 4g + 물 24g)
마스카르포네 12g
헤이즐넛 페이스트 110g
헤이즐넛 프랄리네 40g
휘핑한 생크림 120g

블랙 레몬 젤
●

레몬즙 500g
설탕 50g
한천 분말(agar-agar) 8g
잔탄검 5g
블랙 레몬 파우더 12g

조립
●

헤이즐넛 페이스트(Alain Ducasse)

파트 쉬크레 PÂTE SUCRÉE

p. 342의 레시피를 참조해 파트 쉬크레를 만든다.

헤이즐넛 다쿠아즈 DACQUOISE NOISETTE

프렌치 머랭을 만든다. 우선 전동 스탠드 믹서 볼에 달걀흰자를 넣고 설탕을 세 번에 나누어 넣어가며 거품기를 돌려 머랭을 만든다. 거품기를 들어올렸을 때 새 부리 모양으로 끝이 뾰족해질 때까지 단단하게 거품을 올린다. 체에 친 헤이즐넛 가루, 밀가루, 슈거파우더를 넣고 주걱으로 섞어준다. 다쿠아즈 혼합물을 짤주머니에 채워 넣은 뒤 지름 18cm 케이크 링에 짜 넣는다. 만다린 귤의 속껍질까지 칼로 잘라 벗긴 뒤 과육 세그먼트만 잘라낸다. 링 안의 다쿠아즈 반죽에 귤 과육을 고루 얹은 뒤 손으로 살짝 눌러 박아준다. 170℃ 오븐에서 16분간 굽는다.

헤이즐넛 프랄리네 PRALINE NOISETTE

p. 342의 레시피를 참조해 헤이즐넛 프랄리네를 만든다.

헤이즐넛 크리스피 CROUSTILLANT NOISETTE

전동 스탠드 믹서 볼에 헤이즐넛 프랄리네와 크리스피 푀유틴을 넣고 플랫비터를 돌려 섞어준다. 녹인 카카오 버터를 조금씩 넣어가며 잘 섞어준다.

파리 브레스트 크림 CRÈME PARIS-BREST

소스팬에 우유와 생크림, 바닐라 펄을 넣고 끓을 때까지 가열한다. 동시에 바닥이 둥근 볼에 달걀노른자와 설탕, 커스터드 분말, 밀가루를 넣고 색이 뽀얗게 될 때까지 거품기로 휘저어 섞는다. 뜨거운 우유 혼합물을 달걀 혼합물에 붓고 잘 섞은 뒤 다시 소스팬으로 옮겨 불에 올린다. 잘 저어주며 1~2분간 끓인다. 버터와 카카오 버터, 젤라틴 매스, 마스카르포네, 헤이즐넛 페이스트, 헤이즐넛 프랄리네를 넣고 잘 섞어준다. 냉장고에 4시간 동안 넣어 휴지시킨다. 전동 스탠드 믹서 볼에 넣고 거품기로 돌려 매끈하게 풀어준다. 휘핑한 생크림을 넣고 살살 섞어준다.

블랙 레몬 젤 GEL CITRON NOIR

소스팬에 레몬즙을 넣고 끓인다. 미리 섞어둔 설탕, 한천 분말을 넣어준다. 젤 혼합물이 식으면 써머믹스 (Thermomix®)에 넣어 돌려준다. 매끈하게 풀어준 다음 잔탄검과 블랙 레몬 파우더를 넣고 잘 섞어준다.

조립하기 MONTAGE

파트 쉬크레 시트 안에 헤이즐넛 크리스피를 한 켜 깔아준다. 헤이즐넛 프랄리네와 블랙 레몬 젤을 점점이 짜 얹는다. 원반형 다쿠아즈 시트를 그 위에 올린다.

파이핑 완성하기 POCHAGE

전동 핸드믹서를 돌려 파리 브레스트 크림을 휘핑한다. 촘촘한 별모양 깍지를 끼운 짤주머니에 크림을 채운 뒤 케이크 위를 왔다갔다하는 동작을 끊지 말고 계속하며 긴 끈 모양으로 얼기설기 생동감 있게 짜 얹는다. 중앙이 봉긋하게 올라오도록 크림을 짜 올려 케이크 전체를 입체감 있게 덮어준다.

부르달루 타르트
BOURDALOU

브리오슈 퓌유테
●
p. 335 재료 참조

아몬드 크림
●
p. 336 재료 참조

시럽에 절인 서양배
●
물 1kg
설탕 500g
바닐라 빈 3줄기
작은 사이즈의 서양배 15개

카파 글레이즈
●
카파 카라기난 6g
설탕 65g
물 430g
글루코스 45g

조립하기
●
아몬드 슬라이스 200g
슈거파우더

브리오슈 퓌유테 BRIOCHE FEUILLETÉE

p. 335의 레시피를 참조해 브리오슈 퓌유테를 만든다.

아몬드 크림 CRÈME D'AMANDE

p. 336의 레시피를 참조해 아몬드 크림을 만든다.

시럽에 절인 서양배 POIRES AU SIROP

소스팬에 물과 설탕, 길게 갈라 긁은 바닐라 빈을 넣고 끓여 시럽을 만든다. 서양배의 껍질을 벗긴다. 식품용 수세미로 살살 긁어 서양배의 표면을 매끈하게 다듬어준 다음 물로 깨끗이 헹궈준다. 수비드용 파우치에 시럽, 바닐라 빈, 서양배를 통째로 넣고 90℃로 세팅한 수비드 머신 수조 또는 끓는 물이 담긴 냄비에 넣고 약 20분간 익힌다. 서양배를 건져내 그중 13개는 속과 씨를 도려내고 나머지 2개는 통째로 보관한다.

카파 글레이즈 KAPPA

물과 글루코스를 섞어준다. 소스팬에 카파 카라기난과 설탕을 넣고 섞어준다. 여기에 물과 글루코스 혼합물을 넣고 가열한다. 약 1분간 끓인다.

조립하기 MONTAGE

브리오슈 퓌유테 시트 안에 아몬드 크림을 중간 높이까지 채워 넣는다. 아몬드 슬라이스를 고루 뿌려 얹어 준다. 170℃ 오븐에서 약 8분간 굽는다. 몇 분간 식힌다. 속과 씨를 제거한 서양배를 뜨거운 카파 글레이즈 안에 담갔다 뺀 다음 타르트 위에 보기 좋게 올린다. 통째로 남겨둔 2개의 서양배 중 한 개를 반으로 자르고 나머지 한 개에는 슈거파우더를 뿌린다. 이 두 개의 서양배를 타르트 중앙에 얹어 완성한다.

티라미수
TiRAMiSU

커피 가나슈

●

p. 338 재료 참조

레이디 핑거 비스퀴

●

달걀 9개
비정제 파넬라 설탕
(또는 일반 설탕) 220g
밀가루 220g
커피가루 15g
설탕
슈거파우더
에스프레소 커피

다크 초콜릿 코팅

●

카카오 버터 100g
다크 초콜릿 100g

화이트 초콜릿 코팅

●

p. 338 재료 참조

마스카르포네 크림

●

마스카르포네 300g
액상 생크림 300g
달걀 3개
비정제 파넬라 설탕
(또는 일반 설탕) 90g
아마레토 15g

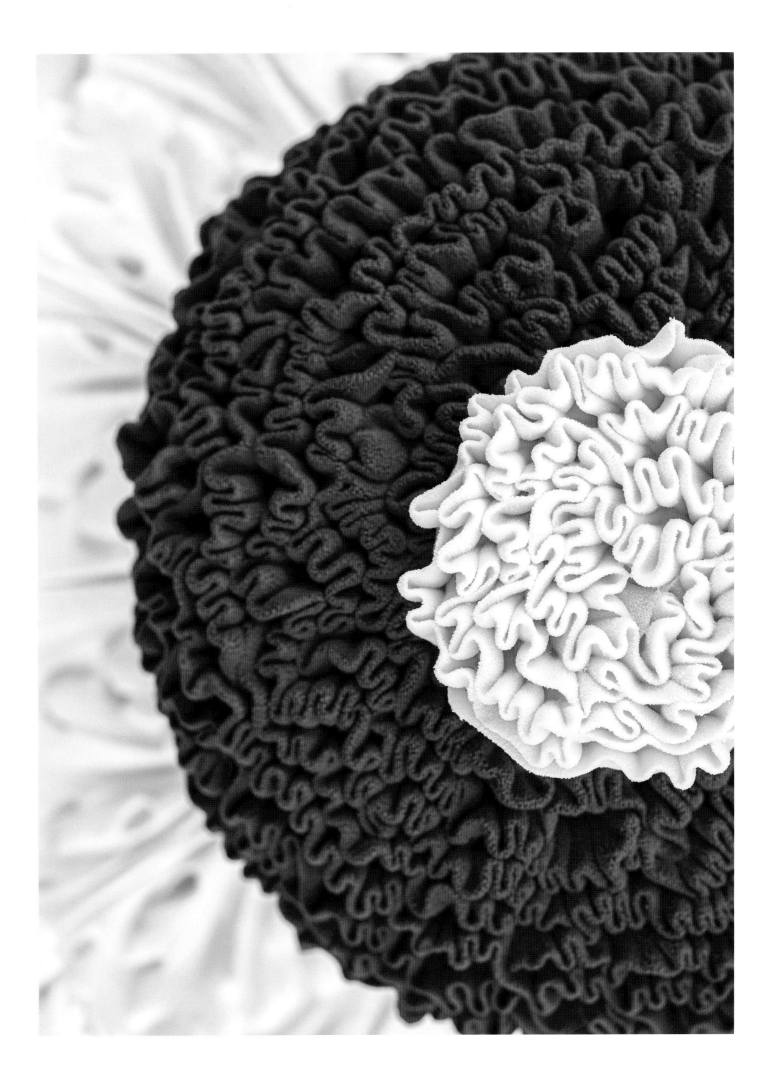

커피 가나슈 GANACHE CAFÉ

p. 338의 레시피를 참조해 커피 가나슈를 만든다.

레이디 핑거 비스퀴 BISCUIT CUILLÈRE

달걀의 흰자와 노른자를 분리한다. 전동 스탠드 믹서 볼에 달걀노른자와 파넬라 설탕 분량의 반을 넣고 거품기로 휘저어 뽀얗게 섞는다. 다른 볼에 달걀흰자와 나머지 설탕을 넣고 거품을 올린다. 두 혼합물을 합한 뒤 미리 체에 쳐둔 밀가루와 커피가루를 넣고 잘 섞어준다. 실리콘 패드(Silpat®)를 깐 오븐팬 위에 반죽 혼합물을 1cm 두께로 펼쳐 놓는다. 설탕과 슈거파우더를 솔솔 뿌려준다. 200°C 오븐에서 5~6분간 굽는다. 오븐에서 꺼내 식힌다. 각각 지름 16cm, 12cm, 8cm, 6cm 크기의 원반형으로 총 4장을 잘라낸다. 붓으로 에스프레소 커피를 발라 적신다.

다크 & 화이트 초콜릿 코팅 ENROBAGES NOIR & BLANC

카카오 버터를 녹인 뒤 잘게 다진 다크 초콜릿에 붓는다. 핸드블렌더로 갈아 균일하게 혼합한다.
p. 338의 레시피를 참조해 화이트 초콜릿 코팅 혼합물을 만든다.

마스카르포네 크림 CRÈME MASCARPONE

전동 스탠드 믹서 볼에 재료를 모두 넣고 거품기를 돌려 무스 질감이 될 때까지 휘핑한다.

조립하기 MONTAGE

지름 18cm 실리콘 케이크 틀(Pavoni®) 안쪽 면 전체에 마스카르포네 크림을 짜 넣는다. 인서트를 정중앙에 놓기 편하도록 중앙 부분에는 마스카르포네 크림을 조금 더 짜 넣는다. 지름 8cm 짜리 레이디 핑거 비스퀴를 중앙에 놓고 마스카르포네 크림을 얇게 한 켜 덮어준다. 그 위에 지름 12cm 비스퀴를 놓고 다시 마스카르포네 크림을 한 켜 덮어준다. 지름 16cm 비스퀴도 마찬가지 방법으로 얹고 마스카르포네 크림으로 덮어 마무리한다. 스패출러로 매끈하게 표면을 정리한다. 냉동실에 6시간 동안 넣어 굳힌다.

파이핑 완성하기 POCHAGE

Step 1
전동 핸드믹서를 돌려 가나슈를 휘핑한다. 생토노레 깍지(n°.125)를 끼운 짤주머니에 가나슈를 채워 넣는다. 냉동실에서 굳힌 케이크를 틀에서 조심스럽게 빼낸 다음 턴테이블 위에 올린다. 턴테이블을 회전시키면서 짤주머니로 중심에서부터 시작해 작고 불규칙한 물결무늬를 짜 얹는다. 냉동실에 3시간 동안 넣어 굳힌다. 지름 8cm 원형 커터로 케이크 중심부를 찍어낸다. 다크 초콜릿 코팅 혼합물을 스프레이 건으로 케이크 전체에 고루 분사한다.

Step 2
지름 6cm짜리 마지막 비스퀴를 턴테이블 위에 올린 뒤 Step 1과 마찬가지 방법으로 물결무늬 가나슈를 파이핑해준다. 화이트 초콜릿 코팅을 스프레이 건으로 분사한다. 이것을 케이크 중앙 빈 공간에 채워 넣는다.

일 플로탕트
FLOTTANTE
îLE

크렘 앙글레즈
●
우유 285g
액상 생크림 285g
바닐라 빈 1줄기
달걀노른자 90g
설탕 45g
비정제 파넬라 설탕 45g

일 플로탕트
●
달걀흰자 300g
설탕 200g

완성 재료
●
꿀
아몬드 1개

크렘 앙글레즈 CRÈME ANGLAISE

소스팬에 우유와 생크림, 길게 갈라 긁은 바닐라 빈을 넣고 뜨겁게 가열한다. 바닥이 둥근 볼에 달걀노른자와 두 종류 설탕을 넣고 거품기로 휘저어 뽀얗게 섞어준다. 이것을 뜨거운 우유와 생크림 혼합물 넣고 잘 저으며 84℃까지 가열한다. 체에 거른 뒤 냉장고에 넣어둔다.

일 플로탕트 îLE FLOTTANTE

달걀흰자에 설탕을 넣어가며 거품을 올려 쫀쫀한 머랭을 만든다. 지름 18cm 크기의 꽃모양 링 안에 부어 채운다. 전자레인지에 넣어 20초간 가열한 다음 다시 20초, 이어서 10초간 가열한다. 전자레인지를 반드시 세 번에 나누어 돌리는 것이 중요하며 매번 가열 후 문을 열어 증기를 빼주어야 한다. 꽃모양 링을 조심스럽게 제거한다.

조립하기 MONTAGE

접시에 크렘 앙글레즈를 붓고 일 플로탕트를 중앙에 놓는다. 녹인 꿀을 한 바퀴 둘러준 다음 아몬드를 중심부에 얹어 완성한다.

포도
RAISIN

포도 가나슈

액상 생크림 200g
달걀노른자 85g
설탕 40g
젤라틴 매스 17g
(젤라틴 가루 2.5g + 물 14.5g)
베르쥐(verjus 신맛의 포도즙) 165g
포도주스 165g
마스카르포네 330g

포도 젤

◈

포도 퓌레 500g
설탕 50g
한천 분말(agar-agar) 10g
잔탄검 6g
청포도 250g
흑포도 250g

카파 글레이즈

물 430g
글루코스 345g
설탕 65g
카파 카라기난 6g

파트 쉬크레

◈

p. 342 재료 참조

아몬드 크림

◈

p. 336 재료 참조

자주색 코팅

◈

카카오 버터 100g
화이트 초콜릿 100g
지용성 식용 색소(빨강) 5g
지용성 식용 색소(파랑) 1g
수용성 식용 색소(빨강) 0.5g

포도 모형

◈

슈거파우더

포도 마멀레이드

◈

청포도 200g
흑포도 200g
포도 퓌레 40g
올리브오일 한 바퀴
설탕 30g
글루코스 분말 30g
펙틴 NH 6g
주석산 2g

그린 코팅

◈

p. 338 재료 참조

조립하기

청포도 10알
흑포도 10알

포도 가나슈 GANACHE RAISIN

소스팬에 생크림을 넣고 끓을 때까지 가열한다. 볼에 달걀노른자와 설탕을 넣고 거품기로 휘저어 뽀얗게 섞는다. 여기에 끓는 생크림을 조금 붓고 잘 섞은 뒤 다시 소스팬으로 전부 옮겨 담고 가열해 크렘 앙글레즈를 만든다. 2분간 끓인 뒤 젤라틴 매스, 베르쥐, 포도주스를 넣고 핸드블렌더로 갈아 혼합한다. 체에 거른 뒤 마스카르포네를 넣고 섞어준다. 냉장고에 12시간 동안 넣어 휴지시킨다.

파트 쉬크레 PÂTE SUCRÉE

p. 342의 레시피를 참조해 파트 쉬크레를 만든다.

아몬드 크림 CRÈME D'AMANDE

p. 336의 레시피를 참조해 아몬드 크림을 만든다.

포도 마멀레이드 MARMELADE RAISIN

소스팬에 포도와 포도 퓌레, 올리브오일을 넣고 볶듯이 익힌다. 약불로 줄인 뒤 약 30분 동안 뭉근히 익힌다. 설탕, 글루코스, 펙틴, 주석산을 넣고 잘 섞은 뒤 1분간 끓인다. 냉장고에 넣어둔다.

포도 젤 GEL RAISIN

소스팬에 포도 퓌레를 넣고 끓인다. 미리 섞어둔 설탕과 한천 분말을 넣어준다. 식힌 다음 잔탄검을 넣고 핸드블렌더로 갈아 혼합한다. 세로로 4등분한 포도를 넣고 섞어준다.

자주색 코팅 ENROBAGE POURPRE

소스팬에 카카오 버터를 넣고 녹인 뒤 잘게 다진 초콜릿에 붓는다. 식용 색소를 넣고 핸드블렌더로 갈아 균일하게 혼합한다.

그린 코팅 ENROBAGE VERT

p. 338의 레시피를 참조해 그린색 코팅 혼합물을 만든다.

카파 글레이즈 KAPPA

소스팬에 물, 글루코스, 미리 카파 카라기난과 섞어둔 설탕을 넣고 끓을 때까지 가열한다.

포도 모형 RAISINS EN TROMPE-L'ŒIL

전동 핸드믹서를 돌려 가나슈를 휘핑한다. 지름 2cm 구형 실리콘 틀 안에 포도 젤을 채워 넣는다. 냉동실에 3시간 동안 넣어 굳힌다. 조심스럽게 틀에서 떼어낸다. 지름 3cm 구형 실리콘 틀 바닥에 휘핑한 가나슈를 짜 넣은 뒤 냉동실에서 얼린 지름 2cm 인서트를 넣어준다. 휘핑한 가나슈를 덮어준다. 냉동실에 넣어 3시간 동안 굳힌다. 틀에서 꺼내 표면을 매끄럽게 다듬어준 다음 이 포도알 모양 볼의 반은 자주색 코팅 혼합물에, 나머지 반은 그린색 코팅 혼합물에 담갔다 뺀다. 표면이 굳도록 둔다. 이 볼들을 카파 글레이즈에 담갔다 뺀 다음 슈거파우더를 얇게 뿌려준다. 카파 글레이즈 표면이 굳을 때까지 기다린다.

조립하기 MONTAGE

파트 쉬크레 시트 안에 아몬드 크림을 얇게 한 켜 깔아준다. 반으로 자른 청포도알 4개와 흑포도알 4개를 고루 얹어준다. 170℃에서 8분간 굽는다. 약 15분간 식힌 뒤 포도 마멀레이드를 한 켜 덮어준다. 이어서 포도 젤을 타르트 시트 높이까지 얹고 스패출러로 매끈하게 밀어준다. 그 위에 포도 모형 볼들과 진짜 포도알들을 보기 좋게 섞어서 올려준다.

땅콩
CACAHUÈTE

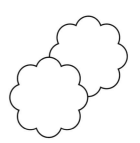

파트 쉬크레
●
p. 342 재료 참조

땅콩 프랄리네
●
땅콩 500g
설탕 125g
소금(플뢰르 드 셀) 10g

땅콩 크리스피
●
땅콩 250g
땅콩 프랄리네 500g
크리스피 푀유틴 100g
카카오 버터 25g

땅콩 비스퀴
●
버터 120g
땅콩 페이스트(피넛 버터) 140g
달걀노른자 160g
설탕 180g
달걀흰자 240g
밀가루 15g
감자 전분 15g
땅콩 분태

캐러멜 소스
●
p. 335 재료 참조

캐러멜라이즈드 땅콩
●
땅콩 400g
설탕 120g
물 50g
주석산 2g

파트 쉬크레 PÂTE SUCRÉE

p. 342의 레시피를 참조해 파트 쉬크레를 만든다.

땅콩 프랄리네 PRALINE CACAHUÈTE

오븐팬에 땅콩을 펼쳐 놓은 뒤 165℃ 오븐에 넣어 15분간 로스팅한다. 소스팬에 설탕을 넣고 가열해 캐러멜을 만든다. 식힌 다음 블렌더로 갈아준다. 로스팅한 땅콩을 블렌더로 갈아준다. 전동 스탠드 믹서 볼에 곱게 간 땅콩, 캐러멜, 소금을 모두 넣고 플랫비터를 돌려 균일하게 섞어준다.

땅콩 크리스피 CROUSTILLANT CACAHUÈTE

오븐팬에 땅콩을 펼쳐 놓은 뒤 165℃ 오븐에 넣어 15분간 로스팅한다. 땅콩을 굵직하게 다진다. 전동 스탠드 믹서 볼에 다진 땅콩, 땅콩 프랄리네, 크리스피 푀유틴을 넣고 플랫비터를 돌려 섞어준다. 녹인 카카오 버터를 조금씩 넣어가며 잘 섞어준다.

땅콩 비스퀴 BISCUIT CACAHUÈTE

전동 스탠드 믹서 볼에 버터와 땅콩 페이스트를 넣고 플랫비터를 돌려 섞어준다. 다른 볼에 달걀노른자와 설탕 60g을 넣고 거품기로 휘저어 뽀얗게 섞어준다. 다른 볼에 달걀흰자를 넣고 나머지 설탕을 조금씩 넣어가며 거품을 올린다. 이 세 가지 혼합물을 모두 섞은 뒤 미리 함께 체에 쳐 둔 밀가루와 전분을 넣고 잘 섞어준다. 실리콘 패드(Silpat®)를 깐 오븐팬 위에 비스퀴 반죽 혼합물을 얇게 펼쳐 놓은 다음 땅콩 분태를 고루 뿌린다. 175℃ 오븐에서 13분간 굽는다.

캐러멜 소스 CARAMEL ONCTUEUX

p. 335의 레시피를 참조해 걸쭉한 캐러멜 소스를 만든다.

캐러멜라이즈드 땅콩 CACAHUÈTES CARAMÉLISÉES

오븐팬에 땅콩을 펼쳐 놓은 뒤 170℃ 오븐에 넣어 15분간 로스팅한다. 소스팬에 설탕과 물, 주석산을 넣고 가열해 갈색 캐러멜을 만든다. 여기에 땅콩을 넣고 몇 분간 저어가며 캐러멜라이즈한다. 실리콘 패드 (Silpat®)를 깐 오븐팬 위에 쏟아낸 다음 서로 달라붙지 않도록 하나하나 떼어놓는다.

조립하기 MONTAGE

파트 쉬크레 시트 안에 땅콩 크리스피를 한 켜 깔아준다. 그 위에 땅콩 비스퀴를 얹은 다음 캐러멜 소스를 매끈하게 한 켜 발라준다. 타르트 표면 전체에 캐러멜라이즈드 땅콩을 꽃모양으로 빙 둘러 얹어준다.

밀피유

Feuille

MiLLE-

바닐라 가나슈

●

액상 생크림 700g
바닐라 빈 1줄기
화이트 커버처 초콜릿
(ivoire) 150g
젤라틴 매스 36g
(젤라틴 가루 5g + 물 31g)

브리오슈 푀유테

●

우유 200g
제빵용 생이스트 25g
밀가루(T65) 550g
소금 8g
설탕 40g
달걀 100g
버터(상온의 포마드 상태) 50g
푀유타주용 저수분 버터 500g

캐러멜 소스

●

p. 335 레시피 분량의 2배

퐁당

●

퐁당슈거 500g
카카오 버터 60g
글루코스 50g
밀크 초콜릿 50g
화이트 초콜릿 50g
다크 초콜릿 50g
식용 색소(차콜 블랙) 1꼬집

바닐라 가나슈 GANACHE VANILLE

p. 340의 레시피를 참조해 바닐라 가나슈를 만든다.

브리오슈 푀유테 BRIOCHE FEUILLETÉE

전동 스탠드 믹서 볼에 버터를 제외한 모든 재료를 넣고 달걀을 조금씩 넣어가며 도우훅을 저속(속도 1)으로 돌려 혼합한다. 속도 2로 올린 다음 혼합물이 믹싱볼 벽에 더 이상 달라붙지 않고 떨어질 때까지 계속 반죽한다. 깍둑 썬 상온의 버터를 넣어준 뒤 계속 혼합해 균일한 반죽을 만든다. 상온(20~25℃)에서 1시간 동안 1차 발효시킨다. 반죽을 작업대에 덜어낸 다음 손바닥으로 눌러 공기를 빼준다. 반죽을 한 장의 직사각형으로 밀어준다. 반죽 사이즈의 반으로 납작하게 만든 푀유타주용 버터를 중앙에 놓고 반죽 양쪽 끝을 가운데로 접어 덮어준다. 반죽을 다시 길쭉하게 민 다음 3절 접기를 1회 실행한다. 다시 반죽을 길게 민 다음 4절 접기를 1회 실행한다. 다시 한 번 반죽을 길게 밀어 마지막으로 3절 접기를 1회 추가한다. 냉장고에 넣어둔다. 반죽을 얇게 민 다음 유산지를 깔아둔 지름 18cm 크기 꽃모양 틀 4개에 깔아준다(틀이 한 개밖에 없으면 4번에 걸쳐 굽는다). 브리오슈 푀유테 시트를 깐 꽃모양 틀 위에 다시 유산지를 한 장 덮어준다. 너무 많이 부풀지 않도록 모양에 맞춰 누름돌을 채워 얹은 뒤 175℃ 오븐에서 20분간 굽는다.

캐러멜 소스 CARAMEL ONCTUEUX

소스팬에 설탕, 글루코스 110g을 넣고 밝은 갈색을 띤 캐러멜이 될 때까지 끓인다(185℃). 다른 소스팬에 우유와 생크림, 나머지 분량의 글루코스, 바닐라 빈, 소금을 넣고 가열한다. 이 뜨거운 혼합물을 캐러멜에 조심스럽게 넣어준다. 계속 가열해 105℃가 되면 불에서 내리고 체에 거른다. 70℃까지 식힌 다음 버터를 넣고 핸드블렌더로 갈아 혼합한다.

퐁당 FONDANT

소스팬에 퐁당슈거를 넣고 36℃까지 가열한다. 온도에 달하면 카카오 버터와 글루코스를 넣어준다. 세 가지 초콜릿을 각각 따로 녹인다. 차콜 블랙 식용 색소를 다크 초콜릿에 넣어 섞는다.

조립하기 MONTAGE DU GÂTEAU

전동 핸드믹서를 돌려 가나슈를 휘핑한다. 꽃모양으로 구워낸 푀유테 시트의 꽃잎 부분 위에 원형 깍지(nº.20)를 끼운 짤주머니를 이용해 각각 둥근 모양으로 가나슈를 짜 얹는다. 꽃 시트의 중앙에도 둥글게 짜 얹는다. 사이사이 빈 공간에 캐러멜 소스를 짜 채워준다. 나머지 시트 중 2장에도 같은 작업을 반복해준다. 가나슈를 짜 얹은 꽃 시트 3장을 조금씩 엇갈리게 겹쳐가며 쌓아올린다. 마지막 브리오슈 푀유테 시트를 그릴 망 위에 올린 뒤 퐁당을 끼얹어 씌워준다. 여분의 퐁당을 스패출러로 깔끔하게 정리한다. 녹인 초콜릿을 각각 작은 짤주머니에 넣고 퐁당 씌운 마지막 시트 위에 꽃무늬를 내어 짜 장식한다. 마지막 시트를 맨 위에 올려 완성한다.

체리 바스크 케이크
BASQUE AUX CERISES

바닐라 크렘 파티시에

🌸

p. 336 재료 참조

체리 바스크 인서트

🌸

버터 60g

설탕 60g

아몬드 가루 60g

감자 전분 10g

달걀 60g

바닐라 크렘 파티시에 120g

아몬드 헤이즐넛 페이스트 25g

체리 15개

파트 사블레 바스크

🌸

버터 180g

비정제 황설탕 160g

달걀 65g

소금 2g

베이킹파우더 12g

밀가루(T55) 220g

아몬드 가루 110g

달걀물

🌸

달걀노른자 60g

액상 생크림 20g

꿀 25g

바닐라 크렘 파티시에 CRÈME PÂTISSIÈRE VANILLE

p. 336의 레시피를 참조해 바닐라 크렘 파티시에를 만든다.

체리 바스크 인서트 INSERT BASQUE

전동 스탠드 믹서 볼에 버터, 설탕, 아몬드 가루, 전분을 넣고 플랫비터를 돌려 섞어준다. 달걀을 조금씩 넣어가며 계속 혼합한다. 이어서 크렘 파티시에와 아몬드 헤이즐넛 페이스트를 넣고 섞어준다. 지름 14cm, 높이 2.5cm 타르트 링 안에 혼합물을 채워 넣는다. 씨를 제거하고 반으로 자른 체리 과육을 그 위에 고루 놓고 손으로 살짝 눌러 박아준다. 냉동실에 4시간 동안 넣어둔다.

파트 사블레 바스크 PÂTE SABLÉE BASQUE

전동 스탠드 믹서 볼에 버터와 황설탕을 넣고 플랫비터를 돌려 부슬부슬한 모래 질감이 되도록 섞어준다. 달걀을 넣고 섞어준 다음 이어서 소금, 베이킹파우더, 밀가루, 아몬드가루를 넣고 균일한 혼합물이 되도록 섞는다. 반죽을 3mm 두께로 얇게 민다. 유산지를 깔아둔 지름 18cm 꽃모양 틀 안에 사블레 시트를 깔아준다.

달걀물 DORURE

재료를 모두 혼합한다.

조립하기 MONTAGE

사블레 바스크 시트 안에 인서트를 놓고 나머지 사블레 바스크 반죽 시트를 틀 모양에 맞춰 덮는다. 표면에 칼끝으로 무늬를 내준 다음 붓으로 달걀물을 얇게 발라준다. 170°C 오븐에서 35분간 굽는다.

우유

LAiT

파트 쉬크레

p. 342 재료 참조

캐러멜 소스

●

p. 335 재료 참조

바닐라 프랄리네

●

이몬드 150g
바닐라 빈 1줄기
설탕 100g
물 70g
쌀 튀밥 75g

라이스 푸딩

우유 800g
설탕 70g
카르나롤리(carnaroli) 쌀 100g
바닐라 펄
(또는 바닐라 빈 가루) 4g
잔탄검 2g

우유 거품

●

젤라틴 매스 28g
(젤라틴 가루 4g + 물 24g)
우유 1kg
텍스투라스 유화(수크로) 5g

파트 쉬크레 PÂTE SUCRÉE

p. 342의 레시피를 참조해 파트 쉬크레를 만든다.

캐러멜 소스 CARAMEL ONCTUEUX

p. 335의 레시피를 참조해 캐러멜 소스를 만든다.

바닐라 프랄리네 PRALINE VANILLE

아몬드와 바닐라 빈을 165℃ 오븐에서 15분간 로스팅한다. 소스팬에 설탕과 물을 넣고 110℃까지
가열한다. 여기에 아몬드와 바닐라 빈을 넣고 설탕이 부슬부슬해지는 상태를 지나 캐러멜화할 때까지
가열하며 섞는다. 식힌 뒤 블렌더로 갈아준다. 여기에 쌀 튀밥을 넣고 섞어준다.

라이스 푸딩 RIZ AU LAIT

소스팬에 우유와 설탕, 쌀, 바닐라 펄을 넣고 끓을 때까지 가열한다. 약 12분간 끓인다. 쌀이 완전히 퍼지지
않고 탱글탱글한 상태를 유지해야 한다. 쌀을 건져내고 우유에 잔탄검을 넣어준다. 쌀과 우유를 다시
섞어준다.

우유 거품 ÉCUME DE LAIT

젤라틴 매스를 전자레인지에 돌려 녹인다. 깊이가 있는 용기에 우유, 수크로(sucro), 녹인 젤라틴을 넣고
거품 상태가 되도록 핸드블렌더로 갈아준다.

조립하기 MONTAGE

파트 쉬크레 시트 안에 바닐라 프랄리네를 얇게 한 켜 짜 넣는다. 그 위에 라이스 푸딩을 덮어 타르트 높이의
¾까지 채운다. 캐러멜 소스를 발라 매끈하게 마무리한다. 타르트 위에 우유 거품을 얹어준다.

겨울

HIVER

플라워 XXL

FLEUR XXL

시나몬 가나슈

●

액상 생크림 1,560g
시나몬 스틱 4개
시나몬 가루 20g
화이트 커버처 초콜릿
(ivoire) 350g
젤라틴 매스 80g
(젤라틴 가루 14g + 물66g)

스페큘러스 크러스트

●

버터 225g
슈거파우더 145g
헤이즐넛 가루 45g
소금 2g
달걀 87g
밀가루(T65) 375g
감자 전분 120g
시나몬 가루 30g

시나몬 아몬드 크림

●

버터 250g
설탕 250g
시나몬 가루 100g
아몬드 가루 250g
달걀 250g

자몽 젤

●

자몽즙 1kg
설탕 100g
한천 분말(agar-agar) 15g
잔탄검 5g
자몽 콩피 100g
자몽 과육 세그먼트 100g

루비 레드 코팅

●

p. 338 재료 참조

시나몬 가나슈 GANACHE CANNELLE

하루 전, 소스팬에 생크림 분량의 반을 넣고 끓을 때까지 가열한다. 여기에 시나몬 스틱과 가루를 넣고 불에서 내린 뒤 뚜껑을 덮어 약 10분간 향을 우려낸다. 다시 불에 올려 가열한 다음 체에 거른다. 볼에 잘게 다진 화이트 초콜릿과 젤라틴 매스를 넣은 뒤 뜨거운 시나몬 향 생크림을 붓고 잘 섞는다. 나머지 분량의 생크림을 넣고 핸드블렌더로 갈아 균일하게 혼합한다. 냉장고에 약 12시간 동안 넣어 휴지시킨다.

스페큘러스 크러스트 PÂTE SPÉCULOOS

전동 스탠드 믹서 볼에 버터, 슈거파우더, 헤이즐넛 가루, 소금을 넣고 플랫비터를 돌려 섞어준다. 달걀을 조금씩 넣고 유화하며 계속 섞어준다. 이어서 밀가루, 전분, 시나몬 가루를 넣고 균일한 반죽이 되도록 섞는다. 냉장고에 넣어둔다. 반죽을 5mm 두께로 민 다음 지름 60cm 원반형으로 자른다. 지름 40cm 케이크 링 바닥과 내벽에 반죽 시트를 깔아준다. 남는 여분은 칼로 깔끔하게 잘라낸다. 실리콘 패드(또는 유산지)를 깐 오븐팬 위에 놓고 포크로 시트 바닥을 고루 찍어준다. 165℃ 오븐에서 30분간 굽는다.

시나몬 아몬드 크림 CRÈME D'AMANDE CANNELLE

전동 스탠드 믹서 볼에 버터와 설탕, 시나몬 가루, 아몬드 가루를 넣고 플랫비터를 돌려 섞어준다. 달걀을 조금씩 넣으며 계속 섞어준다. 냉장고에 넣어둔다.

자몽 젤 GEL PAMPLEMOUSSE

소스팬에 자몽즙을 넣고 끓인다. 미리 섞어둔 설탕, 한천 분말, 잔탄검을 넣어준다. 핸드블렌더로 갈아 혼합한 다음 냉장고에 넣어 굳힌다. 굳은 젤을 다시 한 번 블렌더로 갈아준 다음 자몽 콩피와 자몽 과육 세그먼트를 잘게 깍둑 썰어 넣어준다.

루비 레드 코팅 ENROBAGE RUBIS

p. 338의 레시피를 참조해 루비 레드 코팅 혼합물을 만든다.

조립하기 MONTAGE

스페큘러스 시트 안에 시나몬 아몬드 크림을 채워 넣는다. 170℃에서 8분간 굽는다. 약 15분간 식힌 뒤 자몽 젤을 시트 높이만큼 채운다. 냉장고에 약 30분간 넣어둔다.

파이핑 완성하기 POCHAGE

전동 핸드믹서를 돌려 시나몬 가나슈를 휘핑한다. 케이크를 메탈 지지대 위에 올린 다음 생토노레 깍지
(n°.125)를 끼운 짤주머니로 불규칙한 크기의 꽃잎 모양을 짜준다. 중앙부터 시작해 작은 곡선들을 왼쪽에서
오른쪽으로 빙 둘러 파이핑하며 바깥쪽으로 점점 더 큰 원을 만들어준다. 루비 레드 코팅 혼합물을 스프레이
건으로 분사해 케이크에 색을 입힌다. 가장자리와 안쪽에 각각 진한 붉은색과 연한 붉은색으로 분사하며
뉘앙스의 차이를 표현한다.

커피
CAFÉ

헤이즐넛 크리스피

●

헤이즐넛 100g
커피 원두(Alain Ducasse) 100g
설탕 35g
크리스피 푀양틴 100g
포도씨유 10g
카카오 버터 10g

커피 가나슈

●

액상 생크림 550g
커피 원두 28g
화이트 커버처 초콜릿
(ivoire) 100g
젤라틴 매스 28g
(젤라틴 가루 4g + 물 24g)

파트 쉬크레

●

p. 342 재료 참조

커피 밀크 잼

●

가당 연유 240g
무가당 연유 240g
잔탄검 4g
가루 커피 14g

커피 다쿠아즈

●

달걀흰자 75g
설탕 35g
아몬드 가루 70g
밀가루 15g
슈거파우더 55g
가루 커피 6g

커피 글레이즈

●

투명 나파주 100g
가루 커피 2g

헤이즐넛 크리스피 CROUSTILLANT NOISETTE

오븐팬에 헤이즐넛과 커피 원두를 펼쳐 놓은 뒤 165℃ 오븐에 넣어 15분간 로스팅한다. 소스팬에 설탕을 넣고 가열해 캐러멜 30g을 만든다. 캐러멜이 굳을 때까지 식힌다. 크리스피 푀양틴, 캐러멜을 각각 따로 블렌더에 갈아준다. 마지막으로 헤이즐넛과 커피 원두에 포도씨유를 조금씩 넣어가며 블렌더로 갈아준다. 전동 스탠드 믹서 볼에 이들을 모두 함께 넣은 다음 녹인 카카오 버터를 조금씩 넣어가며 플랫비터를 돌려 균일하게 섞어준다.

커피 가나슈 GANACHE CAFÉ

하루 전, 소스팬에 생크림 분량의 반을 넣고 끓을 때까지 가열한다. 여기에 커피 원두를 넣고 핸드블렌더로 갈아준다. 불에서 내린 뒤 뚜껑을 덮어 약 10분간 향을 우려낸다. 다시 불에 올려 가열한 다음 체에 거른다. 볼에 잘게 다진 화이트 초콜릿과 젤라틴 매스를 넣은 뒤 뜨거운 커피 향 생크림을 붓고 잘 섞는다. 나머지 분량의 생크림을 넣어준다. 커피 가루를 넣고 핸드블렌더로 갈아 균일하게 혼합한다. 냉장고에 약 12시간 동안 넣어 휴지시킨다.

파트 쉬크레 PÂTE SUCRÉE

p. 342의 레시피를 참조해 파트 쉬크레를 만든다.

커피 밀크 잼 CONFITURE DE LAIT AU CAFÉ

가당 연유를 90℃ 오븐에 4시간 동안 넣어 캐러멜화한다. 가당 연유, 무가당 연유, 잔탄검, 커피 가루를 모두 볼에 넣고 핸드블렌더로 갈아 균일하게 혼합한다.

커피 다쿠아즈 DACQUOISE CAFÉ

프렌치 머랭을 만든다. 우선 전동 스탠드 믹서 볼에 달걀흰자를 넣고 설탕을 세 번에 나누어 넣어가며 거품기를 돌려 머랭을 만든다. 거품기를 들어올렸을 때 새 부리 모양으로 끝이 뾰족해질 때까지 단단하게 거품을 올린다. 체에 친 아몬드 가루, 밀가루, 슈거파우더, 커피 가루를 넣고 주걱으로 살살 섞어준다. 다쿠아즈 혼합물을 짤주머니에 채워 넣은 뒤 지름 20cm 케이크 링에 짜 넣는다. 170℃ 오븐에서 16분간 굽는다.

커피 밀크 잼 인서트
INSERT CONFITURE DE LAIT AU CAFÉ

지름 3cm 반구형 틀 안에 커피 밀크 잼을 짜 넣은 뒤 냉동실에 3시간 동안 넣어 굳힌다.

조립하기 MONTAGE

파트 쉬크레 시트 안에 헤이즐넛 크리스피를 높이의 반까지 채워 넣는다. 그 위에 커피 밀크 잼을 덮어 높이의 4/5까지 채운다. 다쿠아즈의 링을 제거한 다음 손으로 살짝 둘레를 눌러 지름을 1~2cm 정도 줄여준다. 이 다쿠아즈를 파트 쉬크레 위에 얹어놓는다. 냉동해두었던 커피 밀크 인서트를 나무 꼬챙이로 찌른 뒤 밀트 초콜릿 코팅 안에 담갔다 뺀다. 이것을 케이크 중앙에 놓는다.

파이핑 완성하기 POCHAGE

전동 핸드믹서를 돌려 커피 가나슈를 휘핑한다. 케이크를 메탈 지지대 위에 올린 다음 생토노레 깍지 (n°.104)를 끼운 짤주머니로 가운데부터 일정한 모양의 꽃잎을 파이핑한다. 중앙의 인서트 둘레부터 시작해 작은 곡선들을 왼쪽에서 오른쪽으로 빙 둘러 파이핑하며 바깥쪽으로 점점 더 큰 원을 만들어준다. 새로 꽃잎을 짤 때는 바로 전에 짠 꽃잎의 중간 지점부터 시작해 자연스럽게 겹쳐준다.

커피 글레이즈 NAPPAGE CAFÉ

소스팬에 투명 나파주와 커피 가루를 넣고 끓을 때까지 가열한다. 혼합물을 스프레이 건으로 케이크 위에 고루 분사한다. 마지막으로 중앙의 인서트 위에 글레이즈를 발라준다.

타탱
TATiN

브리오슈 푀유테
●
p. 335 재료 참조

아몬드 크림
●
p. 336 재료 참조

캐러멜 소스
●
p. 335 레시피 분량의 2배

미니 크랩애플
●
미니 크랩애플 500g
설탕 250g

브리오슈 푀유테 BRiOCHE FEUiLLETEE

p. 335의 레시피를 참조해 브리오슈 푀유테를 만든다.

아몬드 크림 CRÈME D'AMANDE

p. 336의 레시피를 참조해 아몬드 크림을 만든다.

캐러멜 소스 CARAMEL ONCTUEUX

p. 335의 레시피를 참조해 캐러멜 소스를 만든다.

MiNi-POMMES JAPONAiSES

미니 애플을 씻은 뒤 실리콘 패드를 깐 오븐팬에 놓고 180℃ 오븐에서 5분간 굽는다. 소스팬에 설탕을 넣고 가열해 캐러멜을 만든다. 미니 애플을 오븐에서 꺼내 잠깐 식힌 뒤 캐러멜을 씌워 글레이징한다.

조립하기 MONTAGE

브리오슈 푀유테 시트 안에 아몬드 크림을 채워 넣는다. 165℃ 오븐에서 8분간 굽는다. 약 15분간 식힌 뒤 캐러멜 소스를 넉넉히 한 켜 깔아준다. 그 위에 캐러멜을 씌운 미니 애플을 보기 좋게 얹어준다.

망고
MANGUE

파트 쉬크레
◉
p. 342 재료 참조

망고 젤
◉
망고 퓌레 200g
패션프루트 즙 200g
잔탄검 5g

바닐라 크렘 파티시에
◉
p. 336 재료 참조

바닐라 아몬드 크림
◉
p. 336 재료 참조

바닐라 글레이즈
◉
p. 341 재료 참조

완성 재료
◉
망고 2개

파트 쉬크레 PÂTE SUCRÉE

p. 342의 레시피를 참조해 파트 쉬크레를 만든다.

바닐라 크렘 파티시에 CRÈME PÂTISSIÈRE VANILLE

p. 336의 레시피를 참조해 바닐라 크렘 파티시에를 만든다.

바닐라 아몬드 크림 CRÈME D'AMANDE VANILLÉE

p. 336의 레시피를 참조해 바닐라 아몬드 크림을 만든다.

망고 젤 GEL MANGUE

볼에 재료를 모두 넣고 걸쭉한 혼합물이 될 때까지 핸드블렌더로 갈아준다.

바닐라 글레이즈 NAPPAGE VANILLE

p. 341의 레시피를 참조해 바닐라 글레이즈를 만든다.

조립하기 MONTAGE

망고의 껍질을 벗긴 뒤 씨에 최대한 가깝게 두 조각으로 잘라낸다. 망고 과육을 칼로 얇게 슬라이스한다. 남은 자투리 살은 잘게 깍둑 썬다. 파트 쉬크레 시트 안에 바닐라 아몬드 크림을 채워 깔아준다. 170℃에서 8분간 굽는다. 약 15분간 식힌 뒤 중앙에 바닐라 크렘 파티시에를 둥글게 한 번 짜준다(중심점 역할). 이어서 타르트 가장자리에 크렘 파티시에를 둥글게 한 번 짜준 다음 중심 쪽을 향해 띠 모양으로 길게 펼쳐준다. 망고 젤을 이용해 같은 작업을 해준다. 크렘 파티시에(흰색)와 망고 젤(주황색)을 번갈아 짜 얹으며 같은 작업을 반복해 케이크 전체를 덮어준다. 잘게 깍둑 썬 망고 과육을 고루 얹은 뒤 스패출러로 매끈하게 정리한다. 그 위에 얇게 슬라이스한 망고를 꽃잎 모양으로 빙 둘러 얹어준다. 꽃의 입체감을 표현하기 위해 맨 가장자리 망고 슬라이스부터 타르트 안쪽으로 살짝 눌러 안쪽으로 들어올수록 망고 꽃잎이 점점 수직으로 선 상태로 만들어준다. 바니라 글레이즈 혼합물을 스프레이 건에 넣어 케이크 위에 살짝 분사해준다.

잔두야
GiANDUJA

잔두야 가나슈
●
액상 생크림 340g
버터 100g
잔두야 100g
다크 초콜릿(Alain Ducasse) 270g

초콜릿 파트 쉬크레
●
p. 342 재료 참조

헤이즐넛 프랄리네
●
p. 342 재료 참조

초콜릿 슈 반죽
●
코코아 가루 30g
달걀흰자 20g
물 50g
우유 50g
소금 2g
설탕 4g
버터 45g
밀가루(T65) 55g
달걀 90g

완성 재료
●
잔두야 400g
카카오 버터 10g

잔두야 가나슈 GANACHE GIANDUJA

하루 전, 소스팬에 생크림 분량의 반을 넣고 끓을 때까지 가열한다. 볼에 버터와 잔두야, 잘게 다진 화이트 초콜릿을 넣은 뒤 뜨거운 생크림을 붓고 잘 섞는다. 나머지 분량의 생크림을 넣고 핸드블렌더로 갈아 균일하게 혼합한다. 체에 거른 뒤 냉장고에 약 12시간 동안 넣어 휴지시킨다.

초콜릿 파트 쉬크레 PÂTE SUCRÉE CHOCOLAT

p. 342의 레시피를 참조해 초콜릿 파트 쉬크레를 만든다.

헤이즐넛 프랄리네 PRALINÉ NOISETTE

p. 342의 레시피를 참조해 헤이즐넛 프랄리네를 만든다.

초콜릿 슈 반죽 PÂTE À CHOUX CHOCOLAT

볼에 코코아 가루와 달걀흰자를 섞는다. 소스팬에 물, 우유, 소금, 설탕, 버터를 넣고 끓을 때까지 가열한다. 약 1~2분간 끓인다. 밀가루를 넣고 반죽이 냄비 벽에서 쉽게 떨어질 때까지 약불에서 잘 저으며 섞어준다. 혼합물을 전동 스탠드 믹서 볼에 넣고 플랫비터를 돌려 수분이 날아가도록 잘 섞어준다. 이어서 달걀을 세 번에 나누어 넣으며 섞어준다. 달걀흰자와 코코아 가루 혼합물을 넣고 섞는다. 냉장고에 2시간 동안 넣어둔다. 실리콘 패드(Silpat®) 또는 유산지를 깐 오븐팬 위에 지름 2cm의 작은 슈들을 짜 놓는다. 175℃ 데크 오븐에서 30분간 굽는다(일반 오븐의 경우는 우선 260℃로 예열한 후 슈를 넣고 바로 오븐을 끈 상태로 15분간 굽는다. 이어서 오븐을 다시 켜 160℃에서 10분간 더 굽는다).

조립하기 MONTAGE

슈 안에 잔두야 300g을 채워 넣는다. 나머지 잔두야 100g은 녹인 카카오 버터와 섞어준다. 파트 쉬크레 시트 안에 헤이즐넛 프랄리네를 한 켜 깔아 높이의 ⅔까지 채운다. 그 위에 잔두야를 채운 미니 슈 열 개 정도를 보기 좋게 배치한다. 사이사이 빈 공간에 잔두야와 카카오 버터 혼합물을 짜 넣어 채운다. 냉장고에 1시간 동안 넣어둔다.

파이핑 완성하기 POCHAGE

생토노레 깍지(nº.104)를 끼운 짤주머니에 가나슈를 채워 넣은 뒤 케이크 위에서 왔다갔다하는 동작을 반복하며 파이핑해준다. 띠 모양의 가나슈를 얼기설기 불규칙하게 짜 얹으며 생동감 있게 전체를 덮어준다.

리치

LiTCHi

리치 버베나 페퍼 가나슈
❀
p. 340 재료 참조

리치 인서트
❀
리치 퓌레 600g
설탕 60g
한천 분말(agar-agar) 6g
잔탄검 3g
알로에 베라 170g
매리골드 식용 꽃 10g
리치 830g

핑크 코팅
❀
p. 338 재료 참조

그린 코팅
❀
p. 338 재료 참조

화이트 코팅
❀
p. 338 재료 참조

완성 재료 `
❀
데커레이션용 슈거파우더(Codineige®)

리치 버베나 페퍼 가나슈
GANACHE LiTCHi-POiVRE VERVEiNE

p. 340의 레시피를 참조해 리치 버베나 페퍼 가나슈를 만든다.

라즈베리 인서트 iNSERT LiTCHi

소스팬에 리치 퓌레를 넣고 끓을 때까지 가열한다. 미리 섞어둔 설탕과 한천 분말을 넣고 잘 섞는다. 냉장고에 넣어 굳힌다. 젤이 식으면 써머믹스(Thermomix®)에 넣고 돌린다. 젤을 잘 풀어준 다음 잔탄검, 작게 깍둑 썬 알로에 베라, 잘게 다진 매리골드 꽃, 4등분으로 자른 리치 과육을 넣고 섞는다. 8cm 길이의 갸름한 꽃잎 모양 실리콘 틀에 혼합물을 채워 넣는다. 냉동실에 넣어 굳힌다. 조심스럽게 틀을 제거한다.

파이핑 완성하기 POCHAGE

전동 핸드믹서를 돌려 가나슈를 휘핑한다. 깍지를 끼우지 않은 짤주머니에 가나슈를 채워 넣은 뒤 짤주머니 끝을 2mm 크기의 생토노레 깍지 모양으로 잘라준다. 냉동실에 얼려둔 리치 인서트 위에 작은 불꽃 모양으로 가나슈를 짜 덮어준다. 한쪽 끝에서 시작해 갸름한 꽃잎 모양을 따라 다른쪽 끝 방향으로 일정한 크기로 파이핑한다. 냉동실에 넣어둔다.

핑크, 그린, 화이트 코팅 ENROBAGES ROSE, VERT & BLANC

p. 338의 레시피를 참조해 핑크, 그린, 화이트 코팅 혼합물을 만든다.

코팅 입혀 완성하기 ENROBAGE DE LA BARQUETTE

핑크 코팅 혼합물 중앙에 그린 코팅 혼합물을 가로로 한 줄 부어준다. 이어서 화이트 코팅 혼합물을 불규칙 하게 점점이 떨어뜨린다. 냉동실에 얼려둔 인서트를 나무 꼬치로 찍은 뒤 30℃의 이 코팅 혼합물에 담가준다. 이 때 그린색 라인이 리치 꽃모양 중앙에 오도록 맞춰준다. 조심스럽게 들어올리면서 은은한 뉘앙스로 색이 입혀지도록 한다. 코팅이 굳으면(약 1~2분 소요) 바로 데커레이션용 슈거파우더를 솔솔 뿌려준다. 먹기 전까지 냉장고에 4시간 동안 보관한다.

초콜릿
CHOCOLAT

초콜릿 가나슈
●
액상 생크림 550g
다크 초콜릿
(카카오 66%) 50g
젤라틴 매스 21g
(젤라틴 가루 3g + 물 18g)

초콜릿 파트 쉬크레
●
p. 342 재료 참조

카카오닙스 프랄리네
●
헤이즐넛 100g
설탕 30g
카카오닙스 40g
포도씨유 40g
소금(플뢰르 드 셀) 2g

초콜릿 캐러멜
●
설탕 50g
글루코스 80g
우유 130g
액상 생크림 135g
소금(플뢰르 드 셀) 2g
버터 40g
다크 초콜릿(Alain Ducasse) 50g

초콜릿 스펀지
●
아몬드 가루 100g
비정제 황설탕 90g
밀가루(T55) 40g
베이킹파우더 4g
코코아 가루 10g
소금 5g
달걀흰자 135g
달걀노른자 40g
액상 생크림 25g
버터 40g
설탕 20g

카카오 글레이즈
●
투명 나파주 100g
코코아 가루 10g

초콜릿 가나슈 GANACHE CHOCOLAT

하루 전, 소스팬에 생크림 분량의 반을 넣고 끓을 때까지 가열한다. 볼에 잘게 다진 다크 초콜릿과 젤라틴 매스를 넣은 뒤 뜨거운 생크림을 붓고 잘 섞는다. 나머지 분량의 생크림을 넣고 핸드블렌더로 갈아 균일하게 혼합한다. 체에 거른 뒤 냉장고에 약 12시간 동안 넣어 휴지시킨다.

초콜릿 파트 쉬크레 PÂTE SUCRÉE CHOCOLAT

p. 342의 레시피를 참조해 초콜릿 파트 쉬크레를 만든다.

카카오닙스 프랄리네 PRALINE GRUE

헤이즐넛을 165℃ 오븐에서 15분간 로스팅한다. 소스팬에 설탕을 넣고 가열해 캐러멜을 만든다. 캐러멜을 식힌 뒤 블렌더로 갈아준다. 로스팅한 헤이즐넛과 카카오닙스에 포도씨유를 넣고 블렌더로 갈아준다. 전동 스탠드 믹서에 재료를 모두 넣고 플랫비터를 돌려 균일하게 섞는다.

초콜릿 캐러멜 CARAMEL CHOCOLAT

소스팬에 설탕, 글루코스 55g을 넣고 밝은 갈색을 띤 캐러멜이 될 때까지 끓인다(185℃). 다른 소스팬에 우유 50g과 생크림, 나머지 분량의 글루코스, 소금을 넣고 가열한다. 이 뜨거운 혼합물을 캐러멜에 조심스럽게 넣고 섞어준다. 계속 가열해 105℃가 되면 불에서 내리고 체에 거른다. 70℃까지 식힌 다음 버터, 잘게 다진 초콜릿, 남은 분량의 우유를 넣고 핸드블렌더로 갈아 혼합한다. 체에 거른다.

초콜릿 스펀지 BISCUIT CHOCOLAT

믹싱볼에 아몬드 가루, 황설탕, 밀가루, 베이킹파우더, 코코아 가루, 소금, 달걀흰자 25g, 달걀노른자, 생크림을 넣고 섞는다. 녹인 버터를 넣고 섞어준다. 나머지 달걀흰자에 설탕을 넣어가며 단단하게 거품을 올린다. 거품 낸 달걀흰자를 혼합물에 넣고 주걱으로 살살 섞어준다. 실리콘 패드(Silpat®)를 깐 오븐팬 위에 지름 18cm 케이크 링을 놓고 반죽 혼합물을 짜 넣는다. 175℃ 오븐에서 8분간 굽는다. 고르게 구워지도록 중간에 오븐팬의 위치를 한 번 돌려놓는다.

조립하기 MONTAGE

초콜릿 파트 쉬크레 시트 안에 카카오닙스 프랄리네를 한 켜 깔아준다. 그 위에 초콜릿 스펀지를 놓고 캐러멜을 한 켜 덮어준다. 냉장고에 넣어둔다.

카카오 글레이즈 NAPPAGE CACAO

소스팬에 투명 나파주와 코코아 가루를 넣고 거품기로 저어가며 가열한다. 끓으면 바로 불에서 내린 뒤 스프레이 건으로 아래 설명과 같이 케이크에 분사한다.

파이핑 완성하기 POCHAGE

전동 핸드믹서를 돌려 가나슈를 휘핑한다. 한 손에 작은 메탈 스탠드를 들고 다른 손으로는 생토노레 깍지 (n°.104)를 끼운 짤주머니를 든다. 휘핑한 가나슈로 장미꽃의 중심을 동그랗게 짠 다음 이를 기점으로 반원 곡선을 그리며 바깥쪽으로 점점 크게 빙 둘러 파이핑한다. 꽃모양으로 파이핑을 마친 케이크에 카카오 글레이즈를 전체적으로 고르게 분사한다.

핑거라임
CiTRON CAViAR

레몬 가나슈
●
p. 340 재료 참조

화이트 코팅
●
카카오 버터 100g
화이트 초콜릿 100g

완성 재료
●
핑거라임 6~8개

리몬첼로 젤
●
리몬첼로 300g
설탕 30g
한천 분말(agar-agar) 5g
잔탄검 1g
핑거라임 55g
레몬 콩피 170g
레몬 과육 세그먼트 10g
라임 과육 세그먼트 10g
자몽 과육 세그먼트 10g
오렌지 과육 세그먼트 10g

레몬 가나슈 GANACHE CITRON

p. 340의 레시피를 참조해 레몬 가나슈를 만든다.

리몬첼로 젤 GEL LIMONCELLO

소스팬에 리몬첼로를 넣고 끓을 때까지 가열한다. 미리 섞어둔 설탕과 한천 분말을 넣고 잘 섞는다. 젤이 식으면 써머믹스(Thermomix®)에 넣고 돌려 잘 풀어준 다음 잔탄검을 넣는다. 젤의 일부는 마무리용으로 따로 조금 덜어내 남겨둔다. 나머제 젤에 핑거라임, 아주 잘게 다진 레몬 콩피, 불규칙한 모양으로 잘게 썬 시트러스 과일 세그먼트를 모두 넣고 잘 섞어준다. 지름 5.5cm 반구형 실리콘 틀에 젤을 채워 넣는다. 냉동실에 3시간 동안 넣어 굳힌다. 조심스럽게 틀을 제거한다.

화이트 코팅 ENROBAGE BLANC

카카오 버터를 녹인 다음 잘게 썬 초콜릿 위에 붓고 핸드블렌더로 갈아 혼합한다. 냉동실에 얼려둔 리몬첼로 젤 인서트를 35℃의 코팅 혼합물에 담갔다 뺀다. 여분의 코팅액은 흘려보낸다.

파이핑 완성하기 POCHAGE

따로 남겨두었던 리몬첼로 젤을 각 반구형 인서트 위에 흘려 작은 원반형으로 덮어준다. 전동 핸드믹서를 돌려 가나슈를 휘핑한다. 지름 8mm 원형 깍지를 끼운 짤주머니에 가나슈를 채운 뒤, 코팅을 씌운 반구형 인서트 위에 작은 동그라미 모양으로 파이핑한다. 중앙의 젤을 기준점으로 시작해 위에서 아래로 내려가며 일정한 크기의 작은 방울 모양을 빙 둘러 짜준다. 케이크 중앙에 핑거라임 과육 알갱이를 채워 넣는다. 먹기 전까지 냉장고에 4시간 동안 넣어둔다.

바나나

BANANE

파트 쉬크레
●
p. 342 재료 참조

아몬드 크림
●
p. 336 재료 참조

바닐라 크렘 파티시에
●
우유 185g
액상 생크림 30g
바닐라 빈 1줄기
달걀노른자 60g
설탕 50g
커스터드 분말 15g
버터 20g
마스카르포네 40g

바나나 젤
●
바나나 퓌레 250g
잔탄검 2.5g

조립하기
●
바나나 4개
투명 나파주 100g
바닐라 펄
(또는 바닐라 빈 가루) 1g

파트 쉬크레 PÂTE SUCRÉE

p. 342의 레시피를 참조해 파트 쉬크레를 만든다.

아몬드 크림 CRÈME D'AMANDE

p. 336의 레시피를 참조해 아몬드 크림을 만든다.

바닐라 크렘 파티시에 CRÈME PÂTISSIÈRE VANILLE

p. 336의 레시피를 참조해 바닐라 크렘 파티시에를 만든다.

바나나 젤 GEL BANANE

바나나 퓌레와 잔탄검을 섞어준다.

조립하기 MONTAGE

파트 쉬크레 시트 안에 아몬드 크림을 채워 넣는다. 170℃에서 8분간 굽는다. 약 15분간 식힌 뒤 중앙에 바닐라 크렘 파티시에를 동그랗게 하나 짜 넣는다. 이어서 케이크의 가장자리에 크렘 파티시에를 동그랗게 하나 짜 놓은 다음 중앙의 기준점 쪽으로 길게 펴바르듯 덮어준다. 그 옆에 바나나 젤을 이용해 마찬가지 작업을 해준다. 이처럼 두 가지 재료를 교대로 짜 전체를 덮어준다. 바나나의 껍질을 벗긴다. 바나나 반 개를 깍둑 썰어 고루 얹어준 다음 스패츌러로 매끈하게 정리한다. 나머지 바나나를 동그랗게 슬라이스한 다음 타르트 위에 빙 둘러 꽃모양으로 올려준다. 소스팬에 투명 나파주와 바닐라 펄을 넣고 끓을 때까지 가열한 다음 스프레이 건에 넣고 타르트 전체에 분사해 윤기나게 글레이즈한다(또는 붓으로 나파주 혼합물을 타르트 전체에 아주 얇게 발라준다).

코코넛 패션프루트

COCO PASSiON

파트 쉬크레
●
p. 342 재료 참조

코코넛 프랄리네
●
아몬드 85g
코코넛 슈레드 270g
설탕 150g
소금(플뢰르 드 셀) 2g

패션프루트 크레뫼
●
패션프루트 퓌레 140g
생강 5g
달걀 160g
꿀 15g
버터 165g
젤라틴 매스 18g
(젤라틴 가루 2.5g + 물 15.5g)

코코넛 젤
●
코코넛 퓌레 100g
잔탄검 1g

패션프루트 젤
●
패션프루트 퓌레 370g
설탕 20g
한천 분말(agar-agar) 7g
잔탄검 3g
패션프루트 3개

머랭
●
p. 341 재료 참조

완성 재료
●
데커레이션용 슈거파우더(Codineige®)
코코넛 슈레드

파트 쉬크레 PÂTE SUCRÉE

p. 342의 레시피를 참조해 파트 쉬크레를 만든다.

코코넛 프랄리네 PRALINE COCO

p. 342의 레시피를 참조해 코코넛 프랄리네를 만든다.

패션프루트 크레뫼 CRÉMEUX PASSION

소스팬에 패션프루트 퓌레와 강판에 간 생강을 넣고 끓을 때까지 가열한다. 끓으면 미리 섞어둔 달걀과 꿀을 넣어준다. 계속 잘 저으며 105℃까지 끓인다. 불에서 내린 뒤 젤라틴 매스와 버터를 넣고 잘 섞어준다.

코코넛 젤 GEL COCO

코코넛 퓌레와 잔탄검을 섞어준다.

패션프루트 젤 GEL PASSION

소스팬에 패션프루트 퓌레를 넣고 끓을 때까지 가열한다. 이어서 설탕, 한천 분말, 잔탄검을 넣고 핸드블렌더로 갈아 혼합한다. 냉장고에 넣어 굳힌다. 다시 한 번 핸드블렌더로 갈아준다. 패션프루트의 껍질을 잘라 연 다음 과육 즙, 씨를 긁어낸다. 씨에 물을 조금 넣고 핸드블렌더로 살짝 갈아 끈적임을 제거한다. 건져낸 뒤 즙과 함께 패션프루트 젤에 넣고 섞어준다.

머랭 MERINGUE

p. 341의 레시피를 참조해 머랭을 만든다.

조립하기 MONTAGE

파트 쉬크레 시트 바닥에 코코넛 프랄리네를 2mm 두께로 한 켜 깔아준다. 냉동실에 약 30분간 넣어둔다. 패션프루트 젤을 프랄리네의 2배 두께로 그 위에 깔아준다. 다시 냉동실에 1시간 동안 넣어둔다. 마지막으로 패션프루트 크레뫼로 덮어준 다음 스패출러로 매끈하게 정리한다. 냉동실에 넣어 굳힌다.

파이핑 완성하기 POCHAGE

패션프루트 크레뫼가 완전히 얼어 굳으면 원형 깍지(n°.14)를 끼운 짤주머니를 이용해 그 위에 머랭을 '깨진 공' 모양으로 동글동글하게 짜 전체에 꽃처럼 빙 둘러준다. 짤주머니를 들고 동그란 공 모양으로 짠 다음 짧게 손을 들어올렸다가 마치 깨트리듯이 아래로 내리며 끊어주면 된다. 바로 옆에 같은 동작으로 볼을 붙여서 짜 빙 둘러 채운다. 다음 라인을 빙 둘러 짤 때는 이미 짠 볼과 볼 사이의 공간으로 엇갈리게 짜준다. 코코넛 슈레드를 케이크 전체에 고루 뿌린 다음 데커레이션용 슈거파우더(코디네주)를 솔솔 뿌려준다. 165℃ 오븐에서 15분간 굽는다. 오븐에서 꺼내 식힌다. 케이크 중앙에 코코넛 젤을 얹어 꽃의 중심부를 표현한다.

모카
MOKA

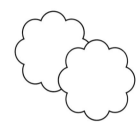

커피 다쿠아즈

●

달걀흰자 80g
설탕 35g
아몬드 가루 70g
밀가루 15g
슈거파우더 55g
커피 가루 12g

밀크 초콜릿 코팅

●

p. 338 재료 참조

커피 크리스피

●

p. 337 재료 참조

커피 크레뫼

●

p. 336 재료 참조

커피 파리 브레스트 크림

●

우유 140g
액상 생크림 60g
바닐라 펄
(또는 바닐라 빈 가루) 2g
달걀노른자 35g
설탕 35g
커스터드 분말 10g
밀가루 10g
버터 60g
카카오 버터 12g

커피 프랄리네

●

아몬드 150g
커피 원두 250g
물 25g
설탕 75g
소금(플뢰르 드 셀) 3g

젤라틴 매스 28g
(젤라틴 가루 4g + 물 24g)
마스카르포네 12g
커피 페이스트 110g
헤이즐넛 프랄리네
(p.342 레시피 참조) 40g
휘핑한 생크림 120g

커피 다쿠아즈 DACQUOISE CAFÉ

프렌치 머랭을 만든다. 우선 전동 스탠드 믹서 볼에 달걀흰자를 넣고 설탕을 세 번에 나누어 넣어가며 거품기를 돌려 머랭을 만든다. 거품기를 들어올렸을 때 새 부리 모양으로 끝이 뾰족해질 때까지 단단하게 거품을 올린다. 체에 친 아몬드 가루, 밀가루, 슈거파우더, 커피 가루를 넣고 주걱으로 살살 섞어준다. 다쿠아즈 혼합물을 짤주머니에 채워 넣은 뒤 지름 14cm 케이크 링에 짜 넣는다. 170℃ 오븐에서 16분간 굽는다.

커피 크리스피 CROUSTILLANT CAFÉ

p. 337의 레시피를 참조해 커피 크리스피를 만든다.

커피 크레뫼 CRÉMEUX CAFÉ

p. 336의 레시피를 참조해 커피 크레뫼를 만든다.

커피 프랄리네 PRALINE CAFÉ

소스팬에 물과 설탕을 넣고 110℃까지 가열해 캐러멜을 만든 다음 아몬드와 커피 원두를 넣어준다. 설탕이 부슬부슬해지는 상태를 거쳐 완전히 캐러멜라이즈 되도록 계속 잘 섞어주면서 가열한다. 실리콘 패드(Silpat®) 위에 쏟아내 식힌다. 푸드 프로세서에 넣고 소금을 첨가한 다음 균일한 질감의 페이스트가 되도록 갈아준다.

밀크 초콜릿 코팅 ENROBAGE CHOCOLAT AU LAIT

p. 338의 레시피를 참조해 밀크 초콜릿 코팅 혼합물을 만든다.

커피 파리 브레스트 크림 CRÈME PARIS-BREST CAFÉ

소스팬에 우유와 생크림, 바닐라 펄을 넣고 끓을 때까지 가열한다. 동시에 바닥이 둥근 볼에 달걀노른자와 설탕, 커스터드 분말, 밀가루를 넣고 색이 뽀얗게 될 때까지 거품기로 휘저어 섞는다. 뜨거운 우유, 생크림 혼합물을 달걀 혼합물에 붓고 잘 섞은 뒤 다시 소스팬으로 옮겨 불에 올린다. 잘 저어주며 1~2분간 끓인다. 버터와 카카오 버터, 젤라틴 매스, 마스카르포네, 커피 페이스트, 커피 프랄리네를 넣고 잘 섞어준다. 냉장고에 4시간 동안 넣어 휴지시킨다. 전동 스탠드 믹서 볼에 넣고 거품기로 돌려 매끈하게 풀어준다. 휘핑한 생크림을 넣고 살살 섞어준다.

인서트 INSERT

지름 16cm 케이크 링 안에 커피 크리스피를 한 켜 깔아준다. 원반형 다쿠아즈를 중앙에 놓고 커피 크레뫼를 짜 채워 넣는다. 높이는 2cm를 초과하지 않도록 한다. 냉동실에 약 3시간 동안 넣어둔다.

조립하기 MONTAGE

전동 핸드믹서를 돌려 커피 파리 브레스트 크림을 휘핑한다. 지름 18cm 실리콘 케이크 틀(Pavoni®) 안쪽 면 전체에 파리 브레스트 크림을 짜 넣는다. 인서트를 정중앙에 놓기 편하도록 중앙 부분에는 크림을 조금 더 짜 넣는다. 커피 프랄리네를 얇게 한 켜 깔아준다. 냉동실에서 얼린 인서트를 중앙에 놓는다. 파리 브레스트 크림으로 덮어준 다음 스패출러로 매끈하게 정리한다. 냉동실에 약 3시간 동안 넣어둔다.

파이핑 완성하기 POCHAGE

작은 별모양 깍지를 끼운 짤주머니를 이용해 커피 파리 브레스트 크림을 케이크 중앙에 한 개 짜 놓는다. 중심점에서 출발해 같은 모양으로 빙 둘러가며 케이크 전체에 파이핑해준다. 냉동실에 약 2시간 동안 넣어둔다. 지름 8cm 원형 커터로 케이크 중앙을 찍어낸다. 밀크 커피 코팅 혼합물을 스프레이 건으로 분사해 케이크 전체에 입혀준다. 중심부 빈 공간에 커피 프랄리네를 흘려 넣어 얇게 덮어준다. 먹기 전까지 냉장고에 4시간 정도 넣어둔다.

갈레트
GALETTE

프랑지판 크렘 파티시에
●

우유 140g
액상 생크림 25g
바닐라 빈 1줄기
달걀 45g
설탕 40g
커스터드 분말 12g
버터 15g
마스카르포네 30g

완성 재료
●

달걀 1개
버터
설탕

갈레트 인서트
●

버터 60g
설탕 60g
구운 아몬드 가루 60g
감자 전분 10g
달걀 60g
바닐라 크렘 파티시에 25g
아몬드 헤이즐넛 페이스트 25g

브리오슈 푀유테
●

우유 125g
제빵용 생이스트 15g
밀가루(T65) 340g
소금 5g
설탕 20g
달걀 60g
버터(상온의 포마드 상태) 30g
푀유타주용 저수분 버터 300g

프랑지판 크렘 파티시에 CRÈME PÂTISSIÈRE FRANGIPANE

소스팬에 우유와 생크림을 넣고 끓을 때까지 가열한다. 불에서 내린 뒤 길게 갈라 긁은 바닐라 빈을 넣고 뚜껑을 덮어 약 10분간 향을 우려낸다. 다시 불에 올려 끓인다. 체에 거른다. 동시에 바닥이 둥근 볼에 달걀과 설탕, 커스터드 분말을 넣고 색이 뽀얗게 될 때까지 거품기로 휘저어 섞는다. 여기에 끓는 우유와 생크림을 붓고 잘 섞은 뒤 다시 소스팬으로 옮겨 담고 불에 올린다. 2분간 끓인 뒤 버터와 마스카르포네를 넣고 섞어준다.

갈레트 인서트 INSERT GALETTE

전동 스탠드 믹서 볼에 버터, 설탕, 아몬드 가루, 전분을 넣고 플랫비터를 돌려 섞어준다. 달걀을 조금씩 넣어가며 계속 혼합한다. 이어서 크렘 파티시에와 아몬드 헤이즐넛 페이스트를 넣고 섞어준다. 지름 14cm, 높이 2.5cm 타르트 링 안에 혼합물을 채워 넣는다. 냉동실에 넣어둔다.

브리오슈 푀유테 BRIOCHE FEUILLETÉE

전동 스탠드 믹서 볼에 버터를 제외한 모든 재료를 넣고 달걀을 조금씩 넣어가며 도우훅을 저속(속도 1)으로 돌려 혼합한다. 속도 2로 올린 다음 혼합물이 믹싱볼 벽에 더 이상 달라붙지 않고 떨어질 때까지 계속 반죽한다. 깍둑 썬 상온의 버터를 넣어준 뒤 계속 혼합해 균일한 반죽을 만든다. 상온(20~25℃)에서 1시간 동안 1차 발효시킨다. 반죽을 작업대에 덜어낸 다음 손바닥으로 눌러 공기를 빼준다. 반죽을 한 장의 직사각형으로 밀어준다. 반죽 사이즈의 반으로 납작하게 만든 푀유타주용 버터를 중앙에 놓고 반죽 양쪽 끝을 가운데로 접어 덮어준다. 반죽을 다시 길쭉하게 민 다음 3절 접기를 1회 실행한다. 냉장고에 30분간 넣어 휴지시킨다. 반죽을 조금 떼어낸 뒤 폭 0.5cm의 가는 띠 모양으로 10장을 잘라둔다. 나머지 반죽을 민 다음 지름 20cm 원반형으로 2장을 잘라낸다. 그중 한 장의 시트 위에 띠 모양 10줄을 놓아준다. 유산지로 전체를 덮어준 다음 밀대를 사용해 10줄의 띠를 납작하게 밀어준다. 냉장고에 넣어둔다.

조립하기 MONTAGE

띠가 덮인 브리오슈 푀유테 시트를 뒤집어 놓은 뒤 중앙에 냉동시킨 인서트를 놓는다. 나머지 한 장의 브리오슈 푀유테 시트를 그 위에 덮고 공기를 최대한 밀어낸 다음 포크로 가장자리를 잘 붙인다. 지름 18cm 크기의 꽃모양 링을 이용해 갈레트를 꽃모양으로 잘라낸다. 납작한 부분에 달걀물을 발라준다. 꽃모양 링 안쪽에 버터를 바른다. 버터를 바르고 설탕을 뿌려둔 유산지 위에 링을 놓는다. 띠를 덮은 면이 아래쪽으로 오도록 하여 갈레트를 꽃모양 링 안에 넣어준다. 175℃ 오븐에서 35분간 굽는다. 오븐에서 꺼낸 뒤 바로 갈레트를 뒤집어준다. 조심스럽게 링을 제거한다.

노르베지엔
NORVÉGiENNE

타히티 바닐라 아이스크림

우유 550g
액상 생크림 130g
타히티산 바닐라 빈 3줄기
우유 분말 40g
글루코스 분말 40g
안정제(super neutrose) 5g
달걀노른자 70g
설탕 140g

마다가스타르 바닐라 아이스크림

우유 550g
액상 생크림 130g
마다가스카르산 바닐라 빈 3줄기
우유 분말 40g
글루코스 분말 40g
안정제(super neutrose) 5g
달걀노른자 70g
설탕 140g

이탈리안 머랭

물 70g
설탕 300g
달걀흰자 220g

비스퀴 조콩드

달걀 140g
슈거파우더 105g
아몬드 가루 105g
밀가루(T55) 30g
버터 20g
달걀흰자 90g
설탕 15g
럼 40g

바닐라 프랄리네

아몬드 150g
바닐라 빈 1줄기
설탕 100g
물 70g

타히티 바닐라 아이스크림
GLACE À LA VANILLE DE TAHITI

소스팬에 우유와 생크림, 길게 갈라 긁은 타히티산 바닐라 빈과 줄기를 넣고 약 50℃까지 가열한다. 우유 분말, 글루코스 분말, 안정제를 넣어준다. 끓기 시작하면 바닐라 빈 줄기를 건져낸 다음 미리 거품기로 뽀얗게 섞어둔 달걀노른자와 설탕 혼합물을 넣어준다. 주걱으로 잘 저으며 크렘 앙글레즈를 만들듯이 가열한다. 주걱을 들어올렸을 때 묽게 흐르지 않고 묻어 있는 정도가 되면 적당하다. 냉장고에 넣어 12시간 동안 휴지시킨 다음 아이스크림 메이커에 넣고 돌린다.

마다가스카르 바닐라 아이스크림
GLACE À LA VANILLE DE MADAGASCAR

소스팬에 우유와 생크림, 길게 갈라 긁은 마다가스카르산 바닐라 빈과 줄기를 넣고 약 50℃까지 가열한다. 우유 분말, 글루코스 분말, 안정제를 넣어준다. 끓기 시작하면 바닐라 빈 줄기를 건져낸 다음 미리 거품기로 뽀얗게 섞어둔 달걀노른자와 설탕 혼합물을 넣어준다. 주걱으로 잘 저으며 크렘 앙글레즈를 만들듯이 가열한다. 주걱을 들어올렸을 때 묽게 흐르지 않고 묻어 있는 정도가 되면 적당하다. 냉장고에 넣어 12시간 동안 휴지시킨 다음 아이스크림 메이커에 넣고 돌린다.

이탈리안 머랭 MERINGUE ITALIENNE

소스팬에 물과 설탕을 넣고 121℃까지 끓여 시럽을 만든다. 시럽 온도가 115℃에 이르면 달걀흰자의 거품을 올리기 시작한다. 121℃에 달한 뜨거운 시럽을 달걀흰자에 조금씩 흘려 넣으며 계속 거품기를 돌려 이탈리안 머랭을 만든다.

비스퀴 조콩드 BISCUIT JOCONDE

전동 스탠드 믹서 볼에 달걀과 슈거파우더, 아몬드 가루를 넣고 거품기를 돌려 섞어준다. 이어서 밀가루, 녹인 버터를 넣고 섞어준다. 다른 볼에 달걀흰자를 넣고 설탕을 넣어가며 거품을 올린다. 두 혼합물을 섞어준다. 실리콘 패드(Silpat®)를 깐 오븐팬 위에 반죽 혼합물을 펼쳐 놓는다. 180℃ 오븐에서 10분간 굽는다. 꺼내서 식힌 다음 지름 16cm 원형 시트 한 장을 잘라낸다. 붓으로 럼을 발라 적셔준다.

바닐라 프랄리네 PRALINE VANILLE

아몬드와 바닐라 빈을 165℃ 오븐에서 15분간 로스팅한다. 소스팬에 설탕과 물을 넣고 110℃까지 가열한다. 여기에 아몬드와 바닐라 빈을 넣고 설탕이 부슬부슬해지는 상태를 지나 캐러멜화 할 때까지 가열하며 섞는다. 식힌 뒤 블렌더로 갈아준다.

조립하기 MONTAGE

서빙 접시에 지름 16cm 링을 놓고 타히티 바닐라 아이스크림을 한 켜 깔아준다. 그 위에 비스퀴 조콩드 스펀지를 놓은 다음 마다가스카르 바닐라 아이스크림을 한 켜 깔아준다. 바닐라 프랄리네로 전체를 덮어준다. 냉동실에 1시간 동안 넣어 굳힌다.

파이핑 완성하기 POCHAGE

링을 조심스럽게 제거한다. 큰 사이즈의 촘촘한 별깍지를 끼운 짤주머니에 머랭을 채워 넣은 뒤 케이크 위에
달팽이 모양으로 빙 둘러 짜준다. 중앙에서 시작해 바깥쪽으로 나선을 그리며 빙 둘러 짜 전체를 덮어준다.
머랭을 토치로 그슬려 살짝 색을 낸 다음 바로 서빙한다.

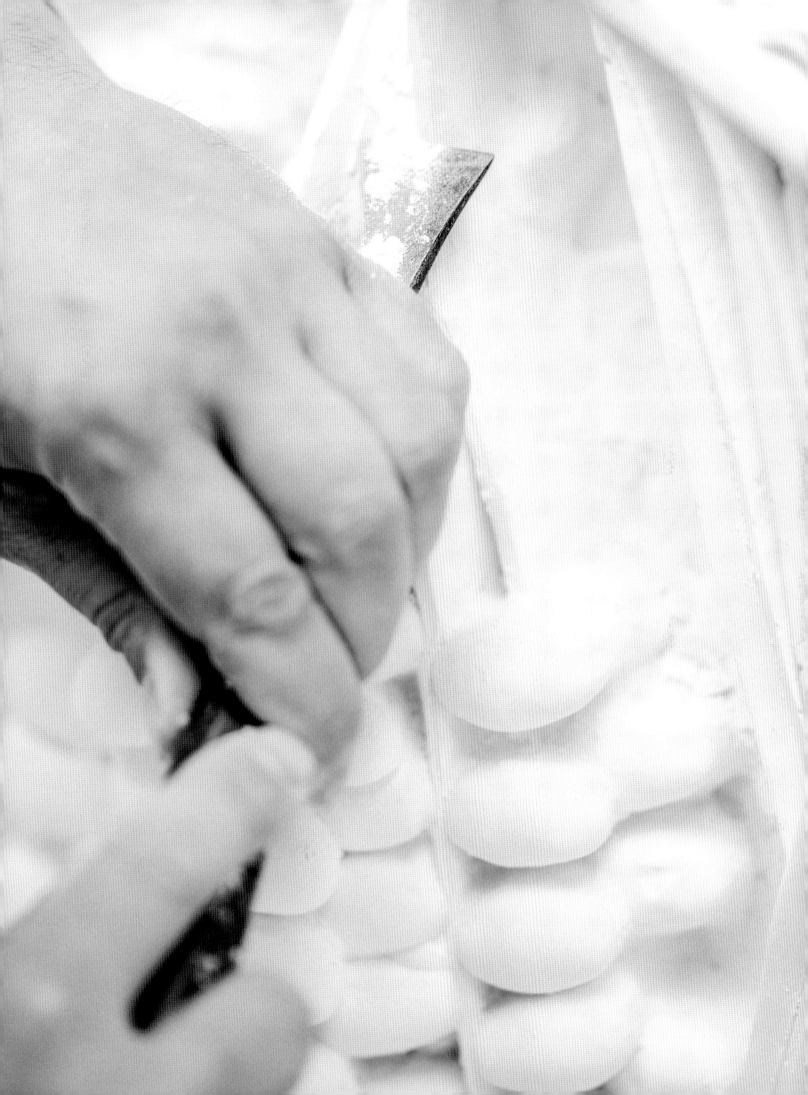

쿠키
COOKiES

땅콩

쿠키 반죽
●
버터 160g
비정제 황설탕 200g
파넬라 설탕(또는 일반 설탕) 40g
설탕 40g
소금(플뢰르 드 셀) 8g
피넛 버터 20g
베이킹소다 3g
밀가루(T55) 320g
달걀 75g
땅콩 분태 100g

땅콩 프랄리네
●
땅콩 380g
설탕 115g
소금(플뢰르 드 셀) 8g

캐러멜 소스
●
p. 335 재료 참조

캐러멜라이즈드 땅콩
●
땅콩 400g
설탕 120g
물 50g
주석산 1꼬집

초코 바닐라

쿠키 반죽
●
버터 100g
비정제 황설탕 100g
설탕 50g
파넬라 설탕(또는 일반 설탕) 25g
바닐라 페이스트 11g
달걀 50g
소금(플뢰르 드 셀) 5g
베이킹소다 2g
밀가루(T55) 200g
잘게 부순 다크 초콜릿 170g

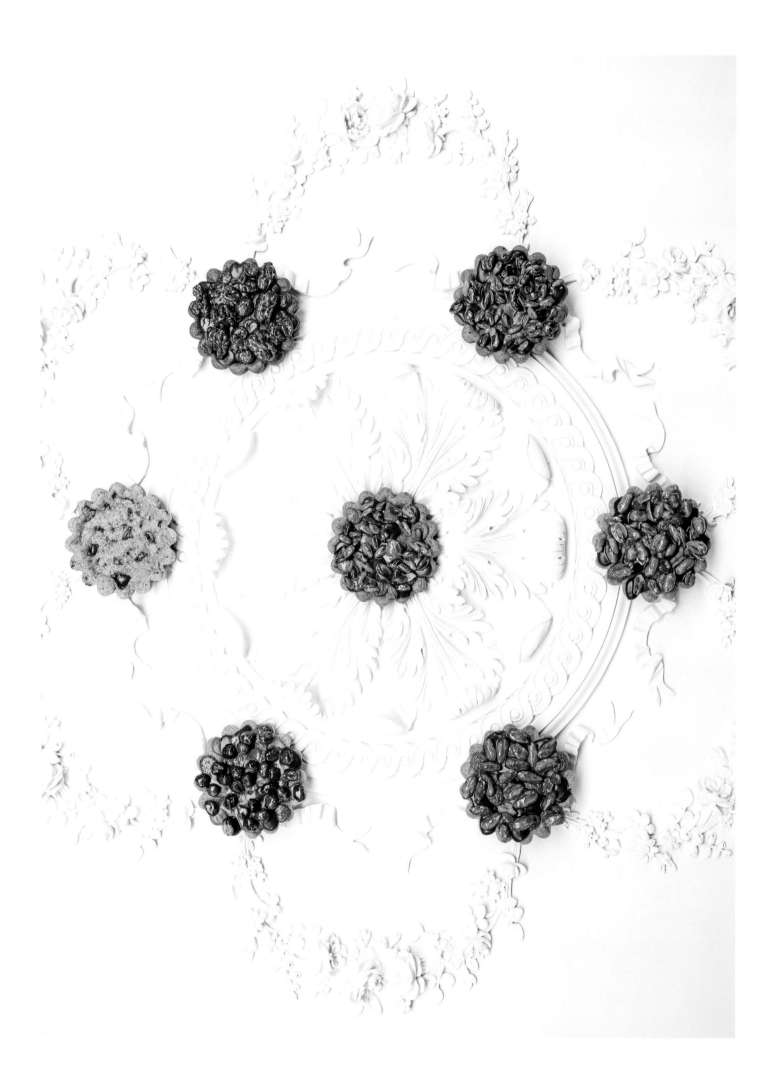

땅콩

쿠키 반죽 PÂTE À COOKIES

전동 스탠드 믹서 볼에 버터, 세 종류의 설탕, 소금, 피넛 버터, 베이킹소다를 넣고 플랫비터를 돌려 섞는다. 이어서 밀가루와 달걀을 넣고 섞는다. 땅콩 분태를 넣고 잘 섞어준다.

땅콩 프랄리네 PRALINE CACAHUÈTE

오븐팬에 땅콩을 펼쳐 놓은 뒤 165℃ 오븐에 넣어 15분간 로스팅한다. 소스팬에 설탕을 넣고 가열해 캐러멜을 만든다. 식힌 다음 블렌더로 갈아준다. 로스팅한 땅콩을 블렌더로 갈아준다. 전동 스탠드 믹서 볼에 땅콩, 캐러멜, 소금을 모두 넣고 플랫비터를 돌려 균일하게 섞어준다.

캐러멜 소스 CARAMEL ONCTUEUX

p. 335의 레시피를 참조해 캐러멜 소스를 만든다.

캐러멜라이즈드 땅콩 CACAHUÈTES CARAMÉLISÉES

오븐팬에 땅콩을 펼쳐 놓은 뒤 170℃ 오븐에 넣어 15분간 로스팅한다. 소스팬에 설탕과 물, 주석산을 넣고 가열해 갈색 캐러멜을 만든다. 여기에 땅콩을 넣고 몇 분간 저어가며 캐러멜라이즈한다. 실리콘 패드 (Silpat®)를 깐 오븐팬 위에 쏟아낸 다음 서로 달라붙지 않도록 하나씩 떼어 놓는다.

조립하기 MONTAGE

쿠키 반죽을 약 100g씩 소분해 작은 공 모양으로 만든다. 실리콘 패드(Silpat®) 또는 유산지를 깐 오븐팬 위에 쿠키 반죽을 놓고 165℃ 오븐에 넣어 7분간 굽는다. 오븐에서 꺼낸 뒤 쿠키 위에 땅콩 프랄리네로 세 군데, 캐러멜 소스로 세 군데 각각 점점이 짜 얹는다. 캐러멜라이즈드 땅콩을 보기 좋게 얹어 완성한다.

땅콩 대신 피칸, 피스타치오, 헤이즐넛, 아몬드 등으로 다양한 맛을 낼 수 있다(쿠키 반죽, 프랄리네, 캐러멜라이즈드 견과류에 모두 대체 응용).

초코 바닐라

쿠키 반죽 PÂTE À COOKIES

전동 스탠드 믹서 볼에 버터, 세 종류의 설탕, 바닐라 페이스트를 넣고 플랫비터를 돌려 섞는다. 미리 소금, 베이킹소다와 섞어둔 달걀을 넣어준다. 이어서 밀가루를 넣고 잘 섞어준다. 마지막으로 잘게 부순 다크 초콜릿을 넣어준다. 쿠키 반죽을 약 100g씩 소분해 작은 공 모양으로 만든다. 실리콘 패드(Silpat®) 또는 유산지를 깐 오븐팬 위에 쿠키 반죽을 놓고 165℃ 오븐에 넣어 7분간 굽는다.

마블
MARBRÉ

초콜릿 가나슈

액상 생크림 340g
다크 초콜릿(Alain Ducasse) 270g
꿀 100g
버터 100g

초콜릿 파운드케이크

●

달걀 130g
트리몰린(전화당) 40g
설탕 65g
아몬드 가루 40g
밀가루 65g
베이킹파우더 4g
코코아 가루 13g
액상 생크림 40g
포도씨유 40g
다크 초콜릿(카카오 70%) 25g

바닐라 파운드케이크

●

달걀 130g
트리몰린(전화당) 40g
설탕 65g
아몬드 가루 40g
밀가루 75g
베이킹파우더 5g
액상 생크림 65g
바닐라 빈 1줄기
바닐라 펄(또는 바닐라 빈 가루) 15g
포도씨유 40g
화이트 초콜릿 25g

초콜릿 코팅

●

카카오 버터 100g
다크 초콜릿 100g

초콜릿 가나슈 GANACHE CHOCOLAT

하루 전, 소스팬에 생크림 분량의 반을 넣고 끓을 때까지 가열한다. 볼에 잘게 다진 다크 초콜릿과 꿀, 버터를 넣은 뒤 뜨거운 생크림을 붓고 잘 섞는다. 나머지 분량의 생크림을 넣고 핸드블렌더로 갈아 균일하게 혼합한다. 체에 거른 뒤 냉장고에 약 12시간 동안 넣어 휴지시킨다.

초콜릿 파운드케이크 CAKE CHOCOLAT

전동 스탠드 믹서 볼에 달걀, 전화당, 설탕, 아몬드 가루를 넣고 플랫비터를 돌려 섞어준다. 미리 함께 체에 쳐둔 밀가루, 베이킹파우더, 코코아 가루를 넣고 잘 섞어준 다음 상온의 생크림을 넣어준다. 혼합물의 반을 덜어내 포도씨유, 녹인 다크 초콜릿을 넣고 잘 섞은 다음 다시 합해 반죽 전체를 잘 섞어준다.

바닐라 파운드케이크 CAKE VANILLE

전동 스탠드 믹서 볼에 달걀, 전화당, 설탕, 아몬드 가루를 넣고 플랫비터를 돌려 섞어준다. 미리 함께 체에 쳐둔 밀가루, 베이킹파우더를 넣고 잘 섞어준 다음 상온의 생크림, 길게 갈라 긁은 바닐라 빈, 바닐라 펄을 넣고 잘 섞어준다. 바닐라 빈 줄기를 건져낸다. 혼합물의 반을 덜어내 포도씨유, 녹인 화이트 초콜릿을 넣고 잘 섞은 다음 다시 합해 반죽 전체를 잘 섞어준다.

마블 케이크 조립하기 MONTAGE DU CAKE MARBRE

지름 14cm 케이크 링 안에 바닐라 케이크 혼합물을 붓고 이어서 초코 케이크 혼합물을 부어 넣는다. 포크로 살살 휘저어 마블링 효과를 내준다. 180℃ 오븐에서 20분간 구운 뒤 온도를 160℃로 내리고 25분간 더 굽는다. 식힌다.

초콜릿 코팅 ENROBAGE CACAO

카카오 버터를 녹인 뒤 잘게 다진 다크 초콜릿에 붓고 잘 섞는다.

파이핑 완성하기 POCHAGE

전동 핸드믹서를 돌려 가나슈를 휘핑한다.

Step 1
납작한 깍지(n°.14)를 끼운 짤주머니를 이용해 세로로 선을 짜 케이크를 빙 둘러준다. 위에서 시작해 일정한 크기의 주름을 표현하듯이 아래쪽을 향해 파이핑한다. 손목에 살짝 스냅을 주면서 케이크 윗면을 원 모양으로 짜준다.

Step 2
케이크 윗면 중앙에 작게 동그라미를 한 개 짠 다음 이를 중심으로 반원을 그리며 빙 둘러준다. 점점 바깥쪽으로 큰 꽃잎을 짜 둘러가며 장미꽃을 표현한다. 스프레이 건을 이용해 초콜릿 코팅 혼합물을 케이크 전체에 고르게 분사한다.

비스퀴 드 샤부아
BISCUIT DE SAVOIE

반죽 혼합물

●

달걀흰자 240g
설탕 200g
달걀노른자 80g
밀가루 230g
버터(틀에 바르는 용도)
밀가루(틀에 바르는 용도)

믹싱볼에 달걀흰자를 넣고 설탕을 조금씩 넣어가며 단단하게 거품을 올린다. 여기에 달걀노른자와 밀가루를
넣고 알뜰주걱으로 잘 섞어준다. 꽃모양 틀 안에 녹인 버터를 붓으로 두 번 발라준다. 이어서 밀가루를 뿌리고
여분은 탁탁 쳐서 털어낸다. 각 틀 안에 반죽 혼합물을 125g씩 넣어 채운다. 160℃ 오븐에서 12분간 굽는다.

치즈 케이크

CHEESE-CAKE

쇼트브레드 크러스트

●

버터 165g
소금 6g
비정제 황설탕 75g
밀가루 220g
베이킹파우더 2g
감자 전분 40g

크림치즈 무스

●

액상 생크림 200g
달걀노른자 85g
설탕 40g
젤라틴 매스 17g
(젤라틴 가루 2.5g + 물 14.5g)
마스카르포네 330g
크림치즈
(필라델피아 크림치즈 타입) 150g

딸기잼

●

잘 익은 딸기 475g
딸기즙 70g
설탕 145g
글루코스 분말 50g
펙틴 NH 10g
주석산 3g

화이트 코팅

●

p. 338 재료 참조

쇼트브레드 크러스트 SHORTBREAD

전동 스탠드 믹서 볼에 버터, 소금, 황설탕, 밀가루, 베이킹파우더, 감자 전분을 모두 넣고 플랫비터를 돌려 섞어준다. 실리콘 패드(Silpat®)를 깐 오븐팬 위에 반죽을 1cm 두께로 밀어 깔아준다. 150℃ 오븐에서 약 20분간 굽는다. 오븐에서 꺼낸 뒤 원형 커터를 이용해 지름 16cm 원반형으로 자른다.

크림치즈 무스 MOUSSE FROMAGE FRAIS

소스팬에 생크림을 넣고 끓을 때까지 가열한다. 볼에 달걀노른자와 설탕을 넣고 거품기로 휘저어 뽀얗게 섞어준다. 뜨거운 생크림을 여기에 조금 붓고 잘 섞은 다음 다시 소스팬으로 옮겨 담고 가열해 크렘 앙글레즈를 만든다. 2분 정도 끓인 다음 불에서 내린다. 젤라틴 매스를 넣고 핸드블렌더로 갈아 균일하게 혼합한다. 체에 거른 다음 마스카르포네와 크림치즈를 넣고 섞어준다. 냉장고에 6시간 동안 넣어 휴지시킨다.

딸기잼 CONFITURE DE FRAISE

소스팬에 딸기를 넣고 딸기즙을 조금씩 넣어주며 약 30분간 뭉근히 익힌다. 설탕, 글루코스 분말, 펙틴, 주석산을 넣고 잘 섞어준다. 1분간 끓인다. 냉장고에 넣어둔다.

화이트 코팅 ENROBAGE BLANC

p. 338의 레시피를 참조해 화이트 코팅 혼합물을 만든다.

조립하기 MONTAGE

전동 핸드믹서를 돌려 크림치즈 무스를 휘핑한다. 지름 16cm 케이크 링 바닥에 크림치즈 무스를 깔아준다. 딸기잼을 한 켜 얹어준다. 이 인서트의 높이가 2cm를 초과하지 않도록 한다. 냉동실에 넣어 굳힌다. 지름 18cm 실리콘 케이크 틀(Pavoni®) 안쪽 면 전체에 크림치즈 무스를 짜 넣는다. 인서트를 정중앙에 놓기 편하도록 중앙 부분에는 무스를 조금 더 짜 넣는다. 냉동실에서 얼린 인서트를 틀 안에 넣고 크림치즈 무스로 덮어준 뒤 스패출러로 매끈하게 정리한다. 냉동실에 약 6시간 동안 넣어 굳힌다. 조심스럽게 틀을 제거한다.

파이핑 완성하기 POCHAGE

생토노레 깍지(n°.104)를 끼운 짤주머니를 이용해 크림치즈 무스로 작은 꽃잎 모양을 짜준다. 윗면 중앙에서부터 시작해 바깥쪽으로 빙 둘러 가득 채우며 파이핑한다. 바로 전에 짠 꽃잎의 중간 부분부터 다시 시작해 자연스럽게 꽃잎이 겹쳐지도록 한다. 바깥쪽으로 꽃잎을 둘러 짜면서 점점 꽃이 피어 있는 상태를 표현해준다. 화이트 코팅 혼합물을 스프레이 건으로 고루 분사해준다.

캐러멜
CARAMEL

아몬드 크리스피
●
아몬드 500g
물 40g
설탕 130g
카카오 버터 50g
크리스피 푀양틴 100g
소금(플뢰르 드 셀) 2g

캐러멜 소스
●
p. 335 재료 참조
(2배합으로 준비)

캐러멜 글레이즈
●
우유 115g
액상 생크림 235g
글루코스 75g
바닐라 빈 1줄기
설탕 295g
감자전분 20g
젤라틴 매스 56g
(젤라틴 가루 8g + 물 48g)

레이디 핑거 비스퀴
●
달걀노른자 85g
설탕 120g
달걀흰자 175g
밀가루 120g
설탕
슈거파우더

바닐라 캐러멜 가나슈
●
액상 생크림 225g
달걀노른자 85g
설탕 40g
젤라틴 매스 17g
(젤라틴 가루 2.5g + 물 14.5g)
마스카르포네 330g
설탕 25g
바닐라 펄
(바닐라 빈 가루) 5g

밀크 초콜릿 코팅
●
p. 338 재료 참조

캐러멜 샹티이
●
설탕 150g
액상 생크림 750g

아몬드 크리스피 CROUSTILLANT AMANDE

오븐팬에 아몬드를 펼쳐 놓은 뒤 100℃ 오븐에서 1시간 동안 건조시킨다. 소스팬에 물과 설탕을 넣고 110℃ 까지 가열한다. 여기에 건조시킨 아몬드를 넣고 시럽이 부슬부슬한 상태로 코팅되도록 잘 섞으며 가열한다. 식힌 다음, 녹인 카카오 버터, 크리스피 푀양틴, 소금을 넣고 블렌더로 갈아 혼합한다.

캐러멜 소스 CARAMEL ONCTUEUX

p. 335의 레시피를 참조해 캐러멜 소스를 만든다.

캐러멜 글레이즈 GLAÇAGE CARAMEL

소스팬에 우유, 생크림, 글루코스, 길게 갈라 긁은 바닐라 빈을 넣고 끓을 때까지 가열한다. 다른 소스팬에 설탕 225g을 넣고 가열해 캐러멜을 만든다. 여기에 뜨거운 우유, 생크림 혼합물을 조심스럽게 넣고 잘 섞어준다. 미리 섞어둔 나머지 분량의 설탕과 감자 전분을 넣고 잘 저으며 2분간 끓인다. 체에 거른 뒤 젤라틴 매스를 넣고 핸드블렌더로 갈아 혼합한다.

조립하기(1단) MONTAGE PREMIER NIVEAU

지름 18cm 링 안에 아몬드 크리스피를 한 켜 깔아준다. 그 위에 캐러멜 소스를 얇게 한 켜 덮어준 다음 망 위에 놓고 캐러멜 글레이즈를 씌워준다. 냉장고에 넣어둔다.

레이디 핑거 비스퀴 BISCUIT CUILLÈRE

전동 스탠드 믹서 볼에 달걀노른자와 설탕 분량의 반을 넣고 거품기로 휘저어 뽀얗게 섞는다. 다른 볼에 달걀흰자와 나머지 설탕을 넣고 단단하게 거품을 올린다. 두 혼합물을 합한 뒤 체에 친 밀가루를 넣고 잘 섞어준다. 지름 14cm 링 안에 혼합물을 1cm 두께로 한 켜 깔아준다. 설탕과 슈거파우더를 살짝 뿌려준다. 200℃ 오븐에서 5~6분간 굽는다.

바닐라 캐러멜 가나슈 GANACHE VANILLE-CARAMEL

소스팬에 생크림 100g을 넣고 끓을 때까지 가열한다. 볼에 달걀노른자와 설탕 40g을 넣고 거품기로 휘저어 뽀얗게 혼합한다. 여기에 뜨거운 생크림을 조금 붓고 잘 섞은 뒤 다시 소스팬으로 옮겨 담고 가열해 크렘 앙글레즈를 만든다. 2분간 끓인 다음 젤라틴 매스, 마스카르포네, 나머지 생크림 중 100g을 넣고 핸드블렌더로 갈아 혼합한다. 체에 거른다. 동시에 소스팬에 설탕 25g을 넣고 가열해 캐러멜을 만든다. 나머지 생크림에 바닐라를 넣고 끓을 때까지 가열한다. 뜨거운 생크림을 캐러멜에 넣고 잘 섞어준다. 다시 1~2분 정도 더 끓인다. 이것을 첫 번째 혼합물에 넣고 핸드블렌더로 다시 한 번 갈아 섞어준다. 냉장고에 12시간 동안 넣어 휴지시킨다.

밀크 초콜릿 코팅 ENROBAGE CHOCOLAT AU LAIT

p. 338의 레시피를 참조해 밀크 초콜릿 코팅 혼합물을 만든다.

캐러멜 샹티이 CHANTILLY CARAMEL

소스팬에 설탕을 넣고 가열해 캐러멜을 만든다. 다른 소스팬에 생크림 150g을 넣고 끓인다. 캐러멜의 온도가 185℃에 달하면 뜨거운 생크림을 붓고 잘 섞어준다. 나머지 분량의 차가운 생크림을 조금씩 넣으면서 핸드블렌더로 갈아 혼합한다. 냉장고에 4시간 동안 넣어둔다.

조립하기(2단) MONTAGE DEUXIEME NIVEAU

레이디 핑거 비스퀴의 링을 조심스럽게 제거한다. 전동 핸드믹서를 돌려 바닐라 캐러멜 가나슈를 휘핑한다. 지름 14cm 케이크 링 안에 가나슈를 얇게 한 켜 깔아준다. 그 위에 원반형 레이디 핑거 비스퀴를 놓고 다시 한 번 가나슈로 얇게 덮어준다. 가나슈의 양이 레이디 핑거 비스퀴와 동일해야 하며 총 높이가 2cm를 넘지 않아야 한다. 냉동실에 약 3시간 동안 넣어둔다. 생토노레 깍지(n°.20)를 끼운 짤주머니에 캐러멜 샹티이를 채운 뒤 케이크 바깥쪽에서 안쪽을 향해 곡선으로 파이핑해 꽃모양을 만든다. 다시 냉동실에 넣어둔다.

인서트 INSERT

지름 7cm 반구형 틀 안에 나머지 캐러멜 소스를 흘려 넣는다. 냉동실에 약 2시간 동안 넣어 굳힌다. 반구형으로 굳은 캐러멜 두 개를 맞붙여 하나의 구형을 만든다. 지름 9cm 링 바닥에 가나슈를 짜 넣는다. 구형 인서트를 중앙에 넣은 뒤 다시 가나슈를 짜 채워 넣는다. 표면을 매끈하게 정리한다. 냉동실에 6시간 정도 넣어 굳힌다.

조립하기(3단) MONTAGE TROISIEME NIVEAU

지름 10mm 원형 깍지를 끼운 짤주머니에 휘핑한 가나슈를 채운 뒤 냉동시킨 인서트 둘레에 작은 방울 모양을 파이핑해 전체를 덮어준다. 윗면 중앙에 캐러멜 글레이즈를 깔아 얹는다.

최종 완성하기 MONTAGE FINAL

조립한 케이크 2단 전체에 밀크 초콜릿 코팅을 스프레이로 분사해 고루 입힌다. 맨 아래의 케이크 1단 위에 케이크 2단을 올린다. 마지막으로 케이크 3단을 맨 위에 올려준다. 냉장고에 4시간 동안 넣어둔다.

몽블랑

MONT-BLANC

바닐라 가나슈
◉
액상 생크림 625g
바닐라 빈 1줄기
화이트 커버처 초콜릿
(ivoire) 140g
젤라틴 매스 35g
(젤라틴 가루 5g + 물 30g)

밤 스펀지
◉
버터 120g
밤 페이스트 140g
달걀노른자 160g
설탕 180g
달걀흰자 240g
밀가루 15g
감자 전분 15g
작게 부순 당절임 밤(marron confit)

밤 크림 혼합물
◉
가당 연유 240g
밤 크림 600g
밤 페이스트 600g
물 120g

머랭
◉
달걀흰자 100g
설탕 100g
슈거파우더 100g

바닐라 가나슈 GANACHE VANILLE

p. 340의 레시피를 참조해 바닐라 가나슈를 만든다.

밤 크림 혼합물 MELANGE MARRON

가당 연유를 90℃ 오븐에 4시간 동안 넣어 캐러멜화 한다. 식힌 다음 푸드 프로세서에 넣고 밤 크림과 밤 페이스트, 물 120g을 첨가한다. 걸쭉한 농도가 되도록 갈아 혼합한다. 냉장고에 12시간 동안 넣어둔다.

머랭 MERINGUE

전동 스탠드 믹서 볼에 달걀흰자를 넣고 설탕을 세 번에 나누어 넣어가며 거품기를 돌려 머랭을 만든다. 거품기를 들어올렸을 때 새 부리 모양으로 끝이 뾰족해질 때까지 단단하게 거품을 올린다. 체에 친 슈거파우더를 넣고 주걱으로 살살 섞어준다. 실리콘 패드(Silpat®)를 깐 오븐팬 위에 지름 18cm 케이크 링을 놓고 그 안에 머랭을 달팽이 모양으로 짜 깔아준다. 90℃ 오븐에서 1시간 ~ 1시간 30분간 동안 굽는다.

밤 스펀지 BISCUIT MARRON

전동 스탠드 믹서 볼에 버터와 밤 페이스트를 넣고 플랫비터를 돌려 섞어준다. 다른 볼에 달걀노른자와 설탕 60g을 넣고 거품기로 휘저어 뽀얗게 섞어준다. 다른 볼에 달걀흰자를 넣고 나머지 설탕을 넣어가며 단단하게 거품을 올린다. 이 세 가지 혼합물을 한데 섞은 뒤 미리 체에 쳐둔 밀가루와 전분을 넣고 잘 섞어준다. 실리콘 패드(Silpat®)를 깐 오븐팬 위에 스펀지 반죽 혼합물을 얇게 펼쳐 깐 다음 작게 부순 당절임 밤을 고루 뿌려준다. 175℃ 오븐에서 13분간 굽는다.

조립하기 MONTAGE

전동 핸드믹서를 돌려 바닐라 가나슈를 휘핑한다. 지름 18cm 실리콘 케이크 틀(Pavoni®) 안쪽 면 전체에 가나슈를 짜 넣는다. 지름 18cm 원형으로 자른 스펀지 시트를 틀 안에 넣어준다. 그 위에 가나슈를 아주 얇게 한 켜 짜준다. 이어서 밤 크림 혼합물을 한 켜 짜 덮어준다. 그 위에 머랭을 얹어준다. 마지막으로 가나슈를 짜 덮어준 다음 스패츌러로 매끈하게 정리한다. 냉동실에 약 4시간 동안 넣어 굳힌다.

파이핑 완성하기 POCHAGE

가는 국수 모양 깍지(n°.236)를 끼운 짤주머니에 밤 크림 혼합물을 채워 넣은 다음 케이크 아래쪽부터 위로 올라가며 큰 반원형 곡선을 그리듯이 파이핑한다. 새로 곡선을 짤 때 바로 그 전에 짠 곡선의 중간 부분에서 시작해 자연스럽게 겹치며 연결되도록 한다. 서빙 전까지 냉장고에 4시간 동안 넣어둔다.

슈 반죽
●

물 100g

우유 100g

소금 4g

설탕 8g

버터 90g

밀가루(T65) 110g

달걀 180g

펄슈거

바닐라 샹티이
●

p. 335 재료 참조

슈 반죽 PÂTE À CHOUX

소스팬에 물, 우유, 소금, 설탕, 버터를 넣고 끓을 때까지 가열한다. 약 1~2분간 끓인다. 밀가루를 넣고 반죽이 냄비 벽에서 쉽게 떨어질 때까지 약불에서 잘 저으며 섞어준다. 혼합물을 전동 스탠드 믹서 볼에 넣고 플랫비터를 돌려 수분이 날아가도록 잘 섞어준다. 이어서 달걀을 세 번에 나누어 넣으며 섞어준다. 냉장고에 2시간 동안 넣어둔다. 실리콘 패드(Silpain®)을 깐 오븐팬 위에 길쭉한 선 모양으로 슈를 짜 놓는다. 파이핑이 끝날 때 손의 힘을 서서히 빼면서 끝을 눈물 방울 모양으로 마무리해준다. 펄슈거를 솔솔 뿌린다. 175℃ 데크 오븐에서 30분간 굽는다(일반 오븐의 경우는 우선 260℃로 예열한 후 슈를 넣고 바로 오븐을 끈 상태로 15분간 굽는다. 이어서 오븐을 다시 켜 160℃에서 10분간 더 굽는다).

바닐라 샹티이 CHANTILLY VANILLE

p. 335의 레시피를 참조해 바닐라 샹티이 크림을 만든다.

조립하기 MONTAGE

전동 핸드믹서를 돌려 바닐라 샹티이 크림을 휘핑한다. 길쭉한 눈물 방울 모양으로 구워낸 슈를 가로로 반 자른다. 별깍지를 끼운 짤주머니를 이용해 슈 아랫부분에 샹티이 크림을 회오리 모양으로 짜 채워 넣는다. 슈 윗면에 뚜껑을 덮어 완성한다.

오페라
OPÉRA

커피 가나슈

●

p. 338 재료 참조

커피 스펀지

●

버터 120g
커피 페이스트 140g
달걀흰자 240g
설탕 180g
달걀노른자 160g
밀가루 15g
감자 전분 15g

리스트레토 젤

●

리스트레토
(고농축 에스프레소 샷) 500g
설탕 25g
한천 분말(agar-agar) 7g

커피 크리스피

●

p. 337 재료 참조

커피 크레뫼

●

p. 336 재료 참조

오페라 글레이즈

●

글레이징 페이스트(브라운) 375g
다크 초콜릿 125g
포도씨유 65g

케이크 조립하기

●

코코아 가루
다크 초콜릿 50g
식용 색소(차콜 블랙) 1꼬집

커피 가나슈 GANACHE CAFÉ

p. 338의 레시피를 참조해 커피 가나슈를 만든다.

커피 스펀지 BISCUIT CAFÉ

볼에 녹인 버터와 커피 페이스트를 넣고 섞는다. 다른 볼에 달걀흰자를 넣고 설탕 120g을 넣어가며 거품을 올린다. 다른 볼에 달걀노른자와 나머지 설탕을 넣고 거품기로 휘저어 뽀얗게 섞어준다. 거품 올린 달걀흰자와 달걀노른자 혼합물을 섞어준 다음 버터, 커피 혼합물, 밀가루, 감자 전분을 넣고 모두 섞어준다. 실리콘 패드(Silpat®)를 깐 오븐팬 위에 스펀지 반죽 혼합물을 얇게 펼쳐 깔아준다. 210℃ 오븐에서 4분간 굽는다. 꽃모양 커터를 이용해 지름 18cm 크기의 꽃모양으로 스펀지 시트를 잘라낸다.

리스트레토 젤 GEL RISTRETTO

소스팬에 리스트레토(진한 에스프레소 커피 샷)를 넣고 끓인 다음 설탕과 한천 분말을 넣어준다. 핸드 블렌더로 갈아 혼합한 다음 냉장고에 넣어 굳힌다. 굳은 뒤 다시 한 번 블렌더로 갈아준다.

커피 크리스피 CROUSTILLANT CAFÉ

p. 337의 레시피를 참조해 커피 크리스피를 만든다.

커피 크레뫼 CRÉMEUX CAFÉ

p. 336의 레시피를 참조해 커피 크레뫼를 만든다.

오페라 글레이즈 GLAÇAGE OPÉRA

소스팬에 글레이징 페이스트와 초콜릿을 넣고 40℃까지 가열해 녹인다. 포도씨유를 첨가한 뒤 잘 섞어준다.

조립하기 MONTAGE DU GÂTEAU

전동 핸드믹서를 돌려 가나슈를 휘핑한다. 지름 18cm 꽃모양 틀 안에 커피 크리스피를 얇게 한 켜 깔아준다. 그 위에 꽃모양으로 잘라둔 스펀지 시트를 놓고 커피 크레뫼를 한 켜 발라준다. 그 위에 리스트레토 젤을 한 켜 덮어준 다음 가나슈를 다시 한 켜 발라 마무리한다. 케이크를 망 위에 놓고 녹인 오페라 글레이즈를 끼얹어 씌워준다. 코코아 가루를 뿌려 덮어준다. 초콜릿을 녹인 뒤 차콜 블랙 식용 색소를 넣고 섞어준다. 유산지로 만든 코르네 또는 작은 원형 깍지(n°.1)를 끼운 짤주머니를 이용해 케이크 중앙에 레터링 Opéra 를 짜 얹어준다.

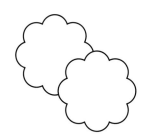

플뢰르 드 셀 초콜릿 사블레

●

p. 343 재료 참조

초콜릿 스펀지

●

아몬드 가루 100g
비정제 황설탕 90g
밀가루(T55) 40g
베이킹파우더 4g
코코아 가루 10g
소금 5g
달걀흰자 135g
달걀노른자 40g
액상 생크림 25g
버터 40g
설탕 20g

그리요트 체리 인서트

●

그리요트 체리 퓌레 500g
잔탄검 6g
그리요트 체리 콩피 750g
시럽에 절인 그리요트 체리 125g

바닐라 키르슈 가나슈

●

액상 생크림 625g
바닐라 빈 1줄기
화이트 커버처 초콜릿
(ivoire) 140g
젤라틴 매스 35g
(젤라틴 가루 5g + 물 30g)
키르슈(체리브랜디) 125g

바닐라 크레뫼

●

p. 336 재료 참조

루비 레드 코팅

●

p. 338 재료 참조

화이트 코팅

●

p. 338 재료 참조

플뢰르 드 셀 초콜릿 사블레
SABLÉ CHOCOLAT-FLEUR DE SEL

p. 343의 레시피를 참조해 플뢰르 드 셀 초콜릿 사블레를 만든다. 식힌 다음 원형 커터를 이용해 지름 13cm 원반형으로 자른다.

초콜릿 스펀지 BISCUIT CHOCOLAT

볼에 아몬드 가루, 황설탕, 밀가루, 베이킹파우더, 코코아 가루, 소금, 달걀흰자 25g, 달걀노른자, 생크림을 넣고 잘 섞어준다. 녹인 버터를 첨가한다. 다른 볼에 나머지 달걀흰자를 넣고 설탕을 넣어가며 단단하게 거품을 올린다. 거품 올린 달걀흰자를 첫 번째 혼합물에 넣고 알뜰주걱으로 살살 섞어준다. 실리콘 패드 (Silpat®)를 깐 오븐팬 위에 지름 10cm 링을 놓고 반죽 혼합물을 짜 넣는다. 175℃ 오븐에서 8분간 굽는다. 중간에 오븐팬 위치를 한 번 돌려준다.

그리요트 체리 인서트 INSERT GRIOTTES

그리요트 체리 퓌레에 잔탄검을 넣고 핸드블렌더로 갈아준다. 그리요트 체리를 넣어준다.

바닐라 키르슈 가나슈 GANACHE VANILLE-KIRSCH

하루 전, 소스팬에 생크림 분량의 반을 넣고 끓을 때까지 가열한다. 길게 갈라 긁은 바닐라 빈을 넣어준다. 불에서 내린 뒤 뚜껑을 덮고 약 10분간 향을 우려낸다. 다시 불에 올려 뜨겁게 가열한 뒤 체에 거르며 잘게 다진 초콜릿과 젤라틴 매스 위에 부어준다. 여기에 키르슈와 나머지 분량의 생크림을 넣고 핸드블렌더로 갈아 균일하게 혼합한다. 냉장고에 약 12시간 동안 넣어 휴지시킨다.

바닐라 크레뫼 CRÉMEUX VANILLE

p. 336의 레시피를 참조해 바닐라 크레뫼를 만든다.

루비 레드 & 화이트 코팅 ENROBAGES RUBIS & BLANC

p. 338의 레시피를 참조해 루비 레드, 화이트 코팅 혼합물을 만든다.

조립하기 MONTAGE DU BONNET

전동 핸드믹서를 돌려 바닐라 키르슈 가나슈를 휘핑한다. 지름 14cm 반구형 실리콘 틀 안쪽 면 전체에 가나슈를 짜 넣는다. 그리요트 체리 인서트를 한 켜 깔아준 다음 원반형 초콜릿 스펀지를 놓는다. 가나슈를 한 켜 더 덮어준 다음 매끈하게 정리한다. 그 위에 원반형 사블레 시트를 놓고 가나슈로 덮어준다. 스패출러로 매끈하게 다듬어준다. 냉동실에 약 4시간 동안 넣어둔다.

파이핑 완성하기 POCHAGE

Step 1

모자 모양을 만든다. 우선 반구형 틀을 조심스럽게 제거한다. 생토노레 깍지(n°.20)를 끼운 짤주머니에 가나슈를 채운 다음 케이크 위 중앙에서 아래쪽으로 내려가며 굵은 선을 짜 전체를 덮어준다. 루비 레드 코팅 혼합물을 스프레이 건으로 분사해 고루 색을 입힌다.

Step 2

모자 위의 방울 모양을 만든다. 생토노레 깍지(n°.20)를 끼운 짤주머니에 가나슈를 채운 다음 냉동실에 얼린 구형 바닐라 크레뫼 위에 작은 불꽃 모양으로 파이핑해 전체를 덮어준다. 화이트 코팅 혼합물을 스프레이 건으로 분사해 고루 색을 입힌다. 흰색 방울을 붉은색 모자 케이크 위에 올린다. 서빙 전까지 냉장고에 약 4시간 동안 넣어둔다.

밀크 초콜릿

CHOCOLAT
AU LAiT

밀크 초콜릿 가나슈
●
액상 생크림 625g
바닐라 빈 1줄기
밀크 초콜릿 140g
젤라틴 매스 35g
(젤라틴 가루 5g + 물 30g)

바닐라 크레뫼
●
p. 336 재료 참조

초콜릿 바닐라 크리스피
●
바닐라 빈 2줄기
아몬드 200g
설탕 70g
크리스피 푀양틴 200g
포도씨유 20g
밀크 초콜릿 100g

밀크 초콜릿 캐러멜
●
설탕 50g
글루코스 80g
우유 130g
액상 생크림 135g
소금(플뢰르 드 셀) 2g
버터 40g
밀크 초콜릿(Alain Ducasse) 50g

밀크 초콜릿 코팅
●
p. 338 재료 참조

밀크 초콜릿 가나슈 GANACHE CHOCOLAT AU LAIT

하루 전, 소스팬에 생크림 분량의 반을 넣고 끓을 때까지 가열한다. 길게 갈라 긁은 바닐라 빈을 넣어준다. 불에서 내린 뒤 뚜껑을 덮고 약 10분간 향을 우려낸다. 다시 불에 올려 뜨겁게 가열한 뒤 체에 거르며 잘게 다진 초콜릿과 젤라틴 매스 위에 부어준다. 여기에 나머지 분량의 생크림을 넣고 핸드블렌더로 갈아 균일하게 혼합한다. 냉장고에 약 12시간 동안 넣어 휴지시킨다.

바닐라 크레뫼 CRÉMEUX VANILLE

p. 336의 레시피를 참조해 바닐라 크레뫼를 만든다.

밀크 초콜릿 바닐라 크리스피
CROUSTILLANT CHOCOLAT AU LAIT-VANILLE

오븐팬에 바닐라 빈과 아몬드를 펼쳐 놓은 뒤 165℃ 오븐에 넣어 15분간 로스팅한다. 소스팬에 설탕을 넣고 가열해 캐러멜 30g을 만든다. 뜨거운 캐러멜을 바닐라 빈 위에 붓고 굳을 때까지 식힌다. 크리스피 푀양틴을 블렌더로 갈아준다. 굳은 캐러멜과 바닐라를 블렌더로 갈아준다. 아몬드에 포도씨유를 조금씩 넣어가며 블렌더로 갈아준다. 각각 따로 간 이 재료들을 전동 스탠드 믹서 볼에 모두 함께 넣은 다음 녹인 밀크 초콜릿을 조금씩 넣어가며 플랫비터를 돌려 균일하게 섞어준다. 사방 20cm 정사각형 프레임 안에 이 크리스피 혼합물을 얇게 한 켜 깔아준다. 냉동실에 약 30분간 넣어둔다.

밀크 초콜릿 캐러멜 CARAMEL CHOCOLAT AU LAIT

소스팬에 설탕, 글루코스 55g을 넣고 185℃까지 가열해 밝은 갈색을 띤 캐러멜을 만든다. 다른 소스팬에 우유 50g과 생크림, 나머지 분량의 글루코스, 소금을 넣고 가열한다. 이 뜨거운 혼합물을 캐러멜에 조심스럽게 넣고 섞어준다. 계속 가열해 105℃가 되면 불에서 내리고 체에 거른다. 70℃까지 식힌 다음 버터, 잘게 다진 초콜릿, 남은 분량의 우유를 넣고 핸드블렌더로 갈아 혼합한다. 체에 거른다.

밀크 초콜릿 코팅 ENROBAGE CHOCOLAT AU LAIT

p. 338의 레시피를 참조해 밀크 초콜릿 코팅 혼합물을 만든다.

조립하기 MONTAGE DU GÂTEAU

전동 핸드믹서를 돌려 밀크 초콜릿 가나슈를 휘핑한다. 아라베스크 문양이 있는 사방 20cm 정사각형 틀 안쪽 면과 가장자리 둘레 전체와 가나슈를 짜 넣는다. 바닐라 크레뫼를 한 켜 채워 넣은 뒤 그 위에 밀크 초콜릿 캐러멜을 한 켜 덮어준다. 정사각형으로 굳힌 크리스피를 얹어준 다음 가나슈를 짜 덮어준다. 스패출러로 매끈하게 표면을 정리한다. 냉동실에 3시간 정도 넣어둔다. 조심스럽게 틀을 제거한 다음 밀크 초콜릿 코팅 혼합물을 스프레이 건으로 분사해 케이크 전체에 입혀준다. 서빙 전까지 냉장고에 4시간 동안 넣어둔다.

블러드 오렌지
ORANGE

SANGUINE

버베나 페퍼 가나슈

액상 생크림 530g
우유 120g
버베나 페퍼 3g
화이트 초콜릿 145g
젤라틴 매스 25g
(젤라틴 가루 3.5g + 물 21.5g)

레몬 젤

레몬즙 100g
설탕 10g
한천 분말(agar-agar) 2g

비스퀴 조콩드

p. 335 재료 참조

블러드 오렌지 마멀레이드

오렌지즙 150g
설탕 15g
한천 분말(agar-agar) 2.5g
잔탄검 1g
캔디드 블러드 오렌지 필 75g
블러드 오렌지 제스트 25g
블러드 오렌지 과육 펄프 75g
버베나 페퍼 가루 1g
버베나 페퍼콘 알갱이 1g

블러드 오렌지 젤

블러드 오렌지즙 100g
설탕 10g
한천 분말(agar-agar) 2g

루비 레드 코팅

p. 338 재료 참조

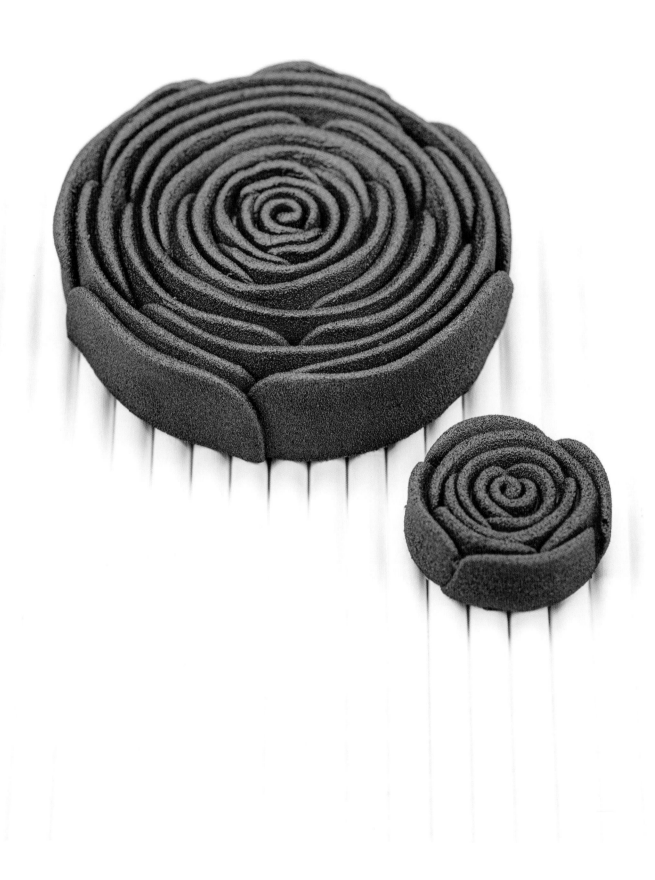

버베나 페퍼 가나슈 GANACHE POIVRE VERVEINE

하루 전, 소스팬에 생크림 분량의 반과 우유, 버베나 페퍼(Litsea cubeba)를 넣고 뜨겁게 가열한다. 잘게 다진 초콜릿과 젤라틴 매스 위에 부어준다. 여기에 나머지 분량의 생크림을 넣고 핸드블렌더로 갈아 균일하게 혼합한다. 체에 거른 뒤 냉장고에 약 12시간 동안 넣어 휴지시킨다.

비스퀴 조콩드 BISCUIT JOCONDE

p. 335의 레시피를 참조해 비스퀴 조콩드 스펀지를 만든다. 식힌 뒤 지름 16cm 원형으로 잘라낸다

블러드 오렌지 젤 GEL ORANGE SANGUINE

소스팬에 블러드 오렌지즙을 넣고 끓인다. 미리 섞어둔 설탕과 한천 분말을 넣어준다. 핸드블렌더로 갈아 혼합한 다음 냉장고에 약 2시간 동안 넣어 굳힌다. 사용 전에 다시 한 번 블렌더로 갈아준다.

레몬 젤 GEL CITRON

소스팬에 레몬즙을 넣고 끓인다. 미리 섞어둔 설탕과 한천 분말을 넣어준다. 핸드블렌더로 갈아 혼합한 다음 냉장고에 약 2시간 동안 넣어 굳힌다. 사용 전에 다시 한 번 블렌더로 갈아준다.

블러드 오렌지 마멀레이드
MARMELADE ORANGE SANGUINE

소스팬에 블러드 오렌지즙을 넣고 끓을 때까지 가열한다. 미리 섞어둔 설탕과 한천 분말을 넣고 잘 섞는다. 젤이 식으면 써머믹스(Thermomix®)에 넣고 돌린다. 젤을 잘 풀어준 다음 잔탄검을 넣는다. 작게 깍둑 썬 캔디드 블러드 오렌지 필, 블러드 오렌지 제스트와 과육, 버베나 페퍼를 넣고 잘 섞어준다.

인서트 INSERT

지름 16cm, 높이 3cm 링 안에 비스퀴 조콩드 스펀지를 깔아준 다음 블러드 오렌지 마멀레이드를 한 켜 얹는다. 그 위에 레몬 젤과 블러드 오렌지 젤을 점점이 찍어 놓는다. 냉동실에 3시간 동안 넣어 굳힌다.

루비 레드 코팅 ENROBAGE RUBIS

p. 338의 레시피를 참조해 루비 레드 코팅 혼합물을 만든다.

조립하기 MONTAGE DE LA FLEUR

전동 핸드믹서를 돌려 버베나 페퍼 가나슈를 휘핑한다. 지름 20cm 크기의 장미꽃 모양 실리콘 틀(Pavoni®) 안쪽 면 전체에 가나슈를 짜 넣는다. 인서트를 정중앙에 놓기 편하도록 중앙 부분에는 가나슈를 조금 더 짜 넣는다. 인서트를 가운데 놓고 가나슈를 짜 덮어준다. 스패츌러로 매끈하게 정리한다. 냉동실에 약 6시간 동안 넣어 굳힌다. 조심스럽게 틀을 제거한다. 루비 레드 코팅 혼합물을 스프레이 건으로 분사해 전체적으로 고루 색을 입힌다.

트러플
TRUFFE

초콜릿 가나슈

액상 생크림 550g
다크 초콜릿
(카카오 66%) 50g
젤라틴 매스 21g
(젤라틴 가루 3g + 물 18g)

초콜릿 파트 쉬크레

p. 342 재료 참조

프랄리네 카카오닙스 크리스피

헤이즐넛 100g
설탕 30g
카카오닙스 40g
포도씨유 40g
소금(플뢰르 드 셀) 2g
크리스피 푀양틴 50g

트러플 크림

액상 생크림 200g
잘게 저민 블랙 트러플 5g
소금(플뢰르 드 셀) 1꼬집
잔탄검 4g
트러플 오일 5g

완성 재료

잘게 저민 블랙 트러플
카카오닙스
블랙 트러플 1개

초콜릿 가나슈 GANACHE CHOCOLAT

하루 전, 소스팬에 생크림 분량의 반을 넣고 뜨겁게 가열한다. 뜨거운 생크림을 잘게 다진 초콜릿과 젤라틴 매스 위에 부어준다. 여기에 나머지 분량의 생크림을 조금씩 넣어가며 핸드블렌더로 갈아 균일하게 혼합한다. 체에 거른 뒤 냉장고에 약 12시간 동안 넣어 휴지시킨다.

초콜릿 파트 쉬크레 PÂTE SUCRÉE CHOCOLAT

p. 342의 레시피를 참조해 초콜릿 파트 쉬크레를 만든다.

프랄리네 카카오닙스 크리스피
CROUSTILLANT PRALINE-GRUE

오븐팬에 헤이즐넛을 펼쳐 놓은 뒤 165℃ 오븐에 넣어 15분간 로스팅한다. 소스팬에 설탕을 넣고 가열해 캐러멜을 만든다. 캐러멜을 식힌 다음 블렌더로 갈아준다. 로스팅한 헤이즐넛에 카카오닙스와 포도씨유를 넣고 블렌더로 갈아준다. 전동 스탠드 믹서 볼에 캐러멜과 헤이즐넛, 카카오닙스 포도씨유 혼합물을 모두 넣고 플랫비터를 돌려 균일하게 섞어준다. 마지막에 크리스피 푀양틴을 넣고 섞어준다.

트러플 크림 CRÈME TRUFFE

소스팬에 생크림과 얇게 저민 트러플(송로버섯) 자투리, 소금을 넣고 끓을 때까지 가열한다. 핸드블렌더로 갈아준 다음 체에 걸러 식힌다. 잔탄검과 트러플 오일을 넣고 다시 한 번 핸드블렌더로 갈아 혼합한다.

조립하기 MONTAGE

전동 핸드믹서를 돌려 초콜릿 가나슈를 가볍게 휘핑한다. 초콜릿 파트 쉬크레 시트 안에 프랄리네 카카오닙스 크리스피 혼합물을 한 켜 짜 깔아준다. 그 위에 휘핑한 가나슈를 한 켜 덮어준다. 잘게 저민 트러플을 고루 뿌려준다. 카카오닙스로 표면 전체를 덮어준다. 트러플 슬라이서(또는 만돌린 슬라이서)로 트러플을 얇게 저민 다음 타르트 위에 꽃모양으로 빙 둘러 얹어준다.

플라워 트리
ARBRE EN FLEURS

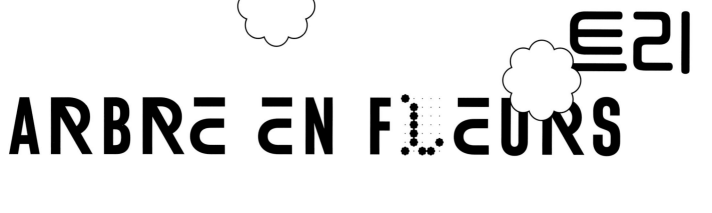

공통 기본

화이트 초콜릿 가나슈
●
액상 생크림 1kg
화이트 초콜릿 2.25kg

크리스피

허니 아몬드
● 허니 아몬드 프랄리네
p. 342 재료 참조
● 허니 아몬드 크리스피
허니 아몬드 프랄리네 1kg
비폴렌(벌꿀화분) 50g
크리스피 푀양틴 300g
카카오 버터 75g

피칸
● 피칸 프랄리네
p. 343 재료 참조
● 피칸 크리스피
p. 337 재료 참조

피스타치오
● 피스타치오 프랄리네
p. 343 재료 참조
● 피스타치오 크리스피
p. 337 재료 참조

아몬드 티무트 페퍼
● 아몬드 티무트 페퍼 크리스피
p. 337 재료 참조

코코넛
● 코코넛 프랄리네
p. 342 재료 참조
● 코코넛 크리스피
p. 337 재료 참조

바닐라
● 바닐라 크리스피
p. 337 재료 참조

헤이즐넛
● 헤이즐넛 크리스피
p. 337 재료 참조

기호에 따라 다양한 맛의 크리스피 볼을 만든 뒤 화이트 초콜릿 베이스의 가나슈로 꽃잎 모양을 파이핑해서 각각의 꽃을 완성한다. 이 책에 소개된 여러 파이핑 방법 중 원하는 스타일을 선택해서 꽃을 만들고 각자의 창의력을 발휘하여 어울리는 코팅 혼합물을 스프레이 건으로 분사해 꽃마다 다양한 색을 입히면 좋다 (p.338 컬러 코팅 레시피 참조). 최종 나무 조립 시 각 꽃송이는 잘 얼어 있는 상태여야 한다. 이 꽃들을 화이트 초콜릿으로 만든 나무 줄기 본체에 조화롭게 붙여 고정시킨다.

공통 기본

화이트 초콜릿 가나슈 GANACHE CHOCOLAT BLANC

소스팬에 생크림을 넣고 끓을 때까지 가열한 다음 잘게 다진 초콜릿 위에 붓고 잘 섞는다.

크리스피

허니 아몬드 AMANDE-MIEL

p. 342의 레시피를 참조해 허니 아몬드 프랄리네를 만든다.
카카오 버터를 녹인 다음 나머지 재료를 모두 넣고 섞어 허니 아몬드 크리스피를 만든다.

피칸 NOIX DE PÉCAN

p. 343의 레시피를 참조해 피칸 프랄리네를 만든다.
p. 337의 레시피를 참조해 피칸 크리스피를 만든다.

피스타치오 PISTACHE

p. 343의 레시피를 참조해 피스타치오 프랄리네를 만든다.
p. 337의 레시피를 참조해 피스타치오 크리스피를 만든다.

아몬드 티무트 페퍼 AMANDE-TIMUT

p. 337의 레시피를 참조해 아몬드 티무트 페퍼 크리스피를 만든다.

코코넛 COCO

p. 342의 레시피를 참조해 코코넛 프랄리네를 만든다.
p. 337의 레시피를 참조해 코코넛 크리스피를 만든다.

바닐라 VANILLE

p. 337의 레시피를 참조해 바닐라 크리스피를 만든다.

헤이즐넛 NOISETTE

p. 337의 레시피를 참조해 헤이즐넛 크리스피를 만든다.

크리스피 볼 조립하기

각 크리스피 혼합물을 지름 2cm, 3cm, 4cm 구형 실리콘 틀 안에 짜 채워 넣는다. 냉동실에 2시간 동안 넣어 굳힌다. 조심스럽게 틀에서 떼어낸다. 생토노레 깍지(n°.104) 또는 원형 깍지를 끼운 짤주머니에 화이트 초콜릿 가나슈를 채운 뒤 이 크리스피 볼들 위에 꽃잎 모양을 파이핑한다. 아름다운 시각적 효과를 위해 기호에 따라 스프레이 건으로 컬러 코팅을 분사해 색을 입힌다.

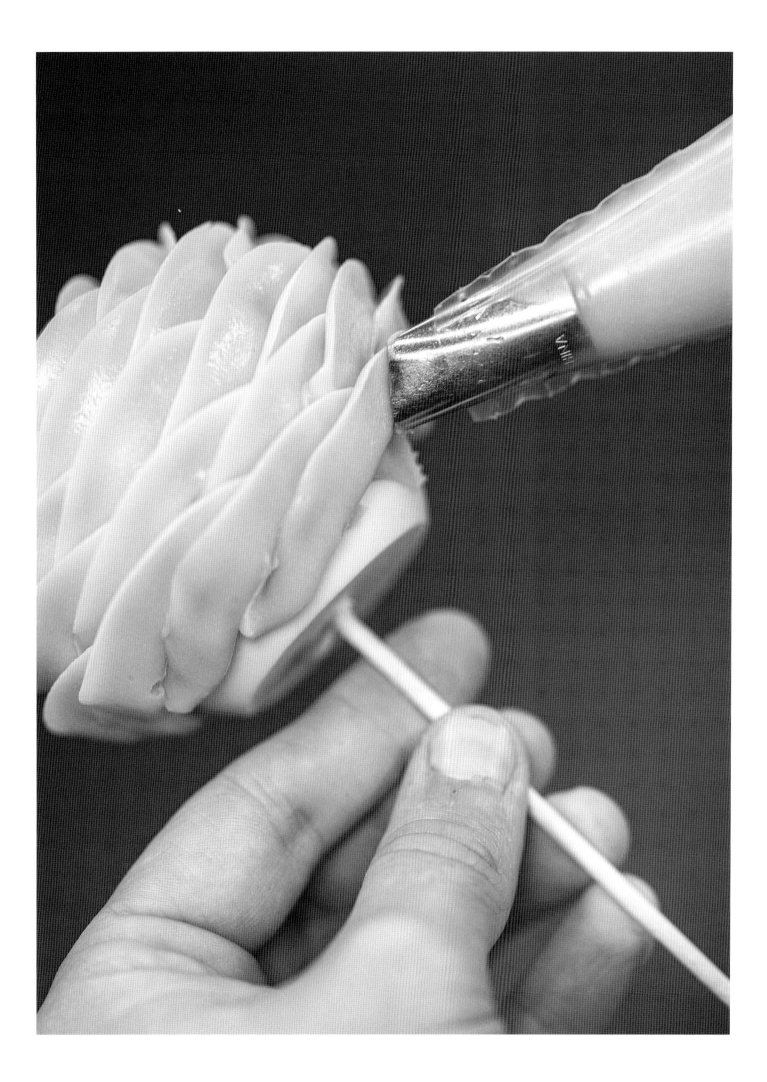

ANNEXES
부록

기본 레시피

RECETTES
DE
BASE

비스퀴 조콩드 BISCUIT JOCONDE

달걀 140g
슈거파우더 105g
아몬드 가루 105g
밀가루(T55) 30g
버터 20g
달걀흰자 90g
설탕 15g

전동 스탠드 믹서 볼에 달걀흰자, 슈거파우더, 아몬드 가루를 넣고 거품기를 돌려 섞어준다. 여기에 밀가루, 녹인 버터를 넣고 섞는다. 다른 볼에 달걀흰자와 설탕을 넣고 거품을 올린다. 두 혼합물을 주걱으로 살살 섞어준다. 실리콘 패드(Silpat®)를 깐 오븐팬 위에 반죽 혼합물을 펼쳐 놓는다. 180℃ 오븐에서 10분간 굽는다.

비스퀴 팽 드 젠 BISCUIT PAIN DE GÊNES

버터 70g
아몬드 가루 120g
달걀 150g
밀가루(T65) 20g
감자 전분 20g
슈거파우더 120g

소스팬에 버터를 넣고 45℃까지 가열해 녹인다. 아몬드 가루와 달걀을 섞은 뒤 전동 스탠드 믹서 볼에 넣고 거품기를 돌려 균일하게 혼합한다. 미리 체에 쳐둔 밀가루, 감자 전분, 슈거파우더를 넣고 섞어준다. 마지막으로 녹인 버터를 넣고 잘 섞는다. 지름 18cm 타르트 링 안에 반죽을 펼쳐 깔아준 다음 180℃ 오븐에서 20분간 굽는다. 식힌다.

브리오슈 푀유테 BRIOCHE FEUILLETÉE

우유 100g
제빵용 생이스트 13g
밀가루(T65) 285g
소금 4g
설탕 20g
달걀 50g
버터(상온의 포마드 상태) 25g
푀유타주용 저수분 버터 150g

전동 스탠드 믹서 볼에 우유, 생이스트, 밀가루, 소금, 설탕을 넣고 달걀을 조금씩 넣어가며 도우훅을 저속(속도 1)으로 돌려 혼합한다. 속도 2로 올린 다음 혼합물이 믹싱볼 벽에 더 이상 달라붙지 않고 떨어질 때까지 계속 반죽한다. 깍둑 썬 상온의 버터를 넣어준 뒤 계속 혼합해 균일한 반죽을 만든다. 상온(20~25℃)에서 1시간 동안 1차 발효시킨다. 반죽을 작업대에 덜어낸 다음 손바닥으로 눌러 공기를 빼준다. 반죽을 한 장의 직사각형으로 밀어준다. 반죽 사이즈의 반으로 납작하게 만든 푀유타주용 버터를 중앙에 놓고 반죽 양쪽 끝을 가운데로 접어 덮어준다. 반죽을 다시 길쭉하게 민 다음 3절 접기를 1회 실행한다. 다시 반죽을 길게 민 다음 4절 접기를 1회 실행한다. 다시 한 번 반죽을 길게 밀어 마지막으로 3절 접기를 1회 추가한다. 냉장고에 30분간 넣어둔다. 반죽을 민 다음 유산지를 깔아둔 지름 18cm 크기 꽃모양 틀 4개에 깔아준다 (틀이 한 개밖에 없으면 4번에 걸쳐 굽는다). 브리오슈 푀유테 시트를 깐 꽃모양 틀 위에 다시 유산지를 한 장 덮어준다. 굽는 동안 푀유테 시트가 틀 모양대로 잘 유지되도록 누름돌을 채워 얹은 뒤 175℃ 오븐에서 20분간 굽는다.

캐러멜 소스 CARAMEL ONCTUEUX

설탕 50g
글루코스 80g
우유 25g
액상 생크림 105g
바닐라 펄(또는 바닐라 빈 가루) 2g
소금(플뢰르 드 셀) 1g
버터 40g

소스팬에 설탕, 글루코스 55g을 넣고 185℃까지 가열해 밝은 갈색을 띤 캐러멜을 만든다. 다른 소스팬에 우유와 생크림, 나머지 분량의 글루코스, 바닐라 빈, 소금을 넣고 가열한다. 이 뜨거운 혼합물을 캐러멜에 조심스럽게 넣어준다. 계속 가열해 105℃가 되면 불에서 내리고 체에 거른다. 70℃까지 식힌 다음 버터를 넣고 핸드블렌더로 갈아 혼합한다.

바닐라 샹티이 CHANTILLY VANILLE

액상 생크림 430g
바닐라 빈 2줄기
설탕 15g
마스카르포네 45g
젤라틴 매스 14g
(젤라틴 가루2g + 물 12g)

소스팬에 생크림 분량의 ⅓과 길게 갈라 긁은 바닐라 빈, 설탕을 넣고 가열한다. 끓으면 마스카르포네와 젤라틴 매스 위에 붓고 잘 섞어준다. 체에 거른 다음 핸드블렌더로 갈아 혼합한다. 나머지 분량의 생크림을 조금씩 넣어주며 함께 갈아준다. 냉장고에 보관한다.

아몬드 크림 CRÈME D'AMANDE

● 버터 65g
설탕 65g
아몬드 가루 65g
달걀 65g

전동 스탠드 믹서 볼에 버터, 설탕, 아몬드 가루를 넣고 플랫비터를 돌려 섞어준다. 달걀을 조금씩 넣어가며 균일하게 혼합한다. 냉장고에 넣어둔다.

바닐라 아몬드 크림 CRÈME D'AMANDE VANILLÉE

● 버터 65g
설탕 65g
아몬드 가루 65g
바닐라 펄(또는 바닐라 빈 가루) 25g
달걀 65g

전동 스탠드 믹서 볼에 버터, 설탕, 아몬드 가루, 바닐라 펄을 넣고 플랫비터를 돌려 섞어준다. 달걀을 조금씩 넣어가며 균일하게 혼합한다. 냉장고에 넣어둔다.

디플로마트 크림 CRÈME DIPLOMATE

● 젤라틴 매스 35g
(젤라틴 가루 5g + 물 30g)
바닐라 크렘 파티시에 265g
바닐라 가나슈 265g

바닥이 둥근 볼에 녹인 젤라틴 매스와 크렘 파티시에를 넣고 섞는다. 다른 볼에 가나슈를 넣고 전동 핸드믹서로 휘핑한다. 휘핑한 가나슈를 첫 번째 혼합물에 세 번에 나누어 넣으며 잘 섞어준다.

바닐라 크렘 파티시에 CRÈME PÂTISSIÈRE VANILLE

● 우유 140g
액상 생크림 25g
바닐라 빈 1줄기
달걀노른자 45g
설탕 40g
커스터드 분말 12g
버터 15g
마스카르포네 30g

바닥이 소스팬에 우유와 생크림을 넣고 끓을 때까지 가열한다. 불에서 내린 뒤 길게 갈라 긁은 바닐라 빈을 넣고 뚜껑을 덮어 약 10분간 향을 우려낸다. 다시 불에 올려 끓인다. 체에 거른다. 동시에, 바닥이 둥근 볼에 달걀과 설탕, 커스터드 분말을 넣고 색이 뽀얗게 될 때까지 거품기로 휘저어 섞는다. 여기에 끓는 우유와 생크림을 붓고 잘 섞은 뒤 다시 소스팬으로 옮겨 담고 불에 올린다. 2분간 끓인 뒤 버터와 마스카르포네를 넣고 섞어준다.

커피 크레뫼 CRÉMEUX CAFÉ

● 우유 500g
달걀노른자 90g
설탕 35g
커피 페이스트 75g
잔탄검 2.5g

소스팬에 우유를 넣고 거의 끓기 전까지 가열한다. 볼에 달걀노른자와 설탕, 커피 페이스트를 넣고 거품기로 휘저어 뽀얗게 혼합한다. 여기에 뜨거운 우유의 일부를 붓고 잘 섞은 뒤 다시 소스팬에 옮겨 담아 1~2분간 끓인다. 식힌다. 잔탄검을 넣고 핸드블렌더로 갈아 혼합한다. 체에 거른 뒤 냉장고에 보관한다.

바닐라 크레뫼 CRÉMEUX VANILLE

● 우유 500g
바닐라 빈 3줄기
달걀노른자 90g
설탕 35g

소스팬에 우유와 길게 갈라 긁은 바닐라 빈과 줄기를 모두 넣고 거의 끓을 때까지 가열한다. 볼에 달걀노른자와 설탕을 넣고 거품기로 휘저어 뽀얗게 혼합한다. 여기에 뜨거운 우유의 일부를 붓고 잘 섞은 뒤 다시 소스팬에 옮겨 담아 83℃가 될 때까지 끓인다. 체에 거른 뒤 핸드블렌더로 갈아 혼합한다. 식힌다.

허니 아몬드 크리스피 CROUSTILLANT AMANDE-MIEL

● 카카오 버터 75g
허니 아몬드 프랄리네 1kg
비폴렌(벌꿀화분) 50g
크리스피 푀양틴 300g

소스팬에 카카오 버터를 넣고 가열해 녹인다. 나머지 재료를 모두 넣고 잘 섞어준다.

아몬드 티무트 페퍼 크리스피 CROUSTILLANT AMANDE-TIMUT

오븐팬에 아몬드를 펼쳐 놓은 뒤 100℃ 오븐에 넣어 1시간 동안 건조시킨다. 소스팬에 물과 설탕을 넣고 110℃까지 끓인다. 건조시킨 아몬드를 여기에 넣고 설탕이 부슬부슬하게 고루 묻는 상태가 될 때까지 잘 저으며 가열한다. 식힌다. 아몬드에 녹인 카카오 버터, 크리스피 푀양틴, 티무트 페퍼, 소금을 넣고 블렌더로 갈아 혼합한다.

● 아몬드 500g
물 40g
설탕 130g
카카오 버터 50g
크리스피 푀양틴 100g
티무트 페퍼 10g
소금(플뢰르 드 셀) 2g

커피 크리스피 CROUSTILLANT CAFÉ

오븐팬에 헤이즐넛을 펼쳐 놓은 뒤 165℃ 오븐에 넣어 15분 동안 로스팅한다. 소스팬에 설탕을 넣고 가열해 캐러멜을 만든다. 캐러멜을 식힌 뒤 블렌더로 갈아준다. 구운 헤이즐넛에 소금, 커피 페이스트를 넣고 블렌더로 갈아준다. 전동 스탠드 믹서 볼에 캐러멜과 헤이즐넛 혼합물을 모두 넣고 플랫비터를 돌려 균일하게 섞어준다. 녹인 카카오 버터를 넣고 잘 섞어준 다음 마지막으로 크리스피 푀양틴을 넣어준다.

● 헤이즐넛 250g
설탕 75g
소금(플뢰르 드 셀) 5g
체에 내린 커피 페이스트 75g
카카오 버터 25g
크리스피 푀양틴 100g

코코넛 크리스피 CROUSTILLANT COCO

코코넛 프랄리네와 크리스피 푀양틴, 녹인 카카오 버터를 잘 섞어준다.

● 코코넛 프랄리네 500g
 (p. 342 레시피 참조)
크리스피 푀양틴 150g
카카오 버터 40g

헤이즐넛 크리스피 CROUSTILLANT NOISETTE

오븐팬에 헤이즐넛을 펼쳐 놓은 뒤 165℃ 오븐에 넣어 15분간 로스팅한다. 소스팬에 설탕을 넣고 가열해 캐러멜 30g을 만든다. 캐러멜이 굳을 때까지 식힌다. 크리스피 푀양틴, 캐러멜을 각각 따로 블렌더에 갈아준다. 마지막으로 헤이즐넛에 포도씨유를 조금씩 넣어가며 블렌더로 갈아준다. 전동 스탠드 믹서 볼에 이들을 모두 함께 넣은 다음 녹인 카카오 버터를 조금씩 넣어가며 플랫비터를 돌려 균일하게 섞어준다.

● 헤이즐넛 100g
설탕 35g
크리스피 푀양틴 100g
포도씨유 10g
카카오 버터 10g

피칸 크리스피 CROUSTILLANT PÉCAN

오븐팬에 피칸을 펼쳐 놓은 뒤 165℃ 오븐에 넣어 15분간 로스팅한다. 구운 피칸을 잘게 다진다. 전동 스탠드 믹서 볼에 피칸, 피칸 프랄리네, 크리스피 푀양틴을 넣고 녹인 카카오 버터를 조금씩 넣어가며 플랫비터를 돌려 잘 섞어준다.

● 피칸 250g
피칸 프랄리네 500g
 (p. 343 레시피 참조)
크리스피 푀양틴 100g
카카오 버터 25g

피스타치오 크리스피 CROUSTILLANT PISTACHE

전동 스탠드 믹서 볼에 피스타치오 프랄리네와 크리스피 푀양틴을 넣고 녹인 카카오 버터를 조금씩 넣어가며 플랫비터를 돌려 잘 섞어준다. 지름 16cm 타르트 링 안에 크리스피 혼합물을 한 켜 깔아준다.

● 피스타치오 프랄리네 650g
크리스피 푀양틴 195g
카카오 버터 50g

바닐라 크리스피 CROUSTILLANT VANILLE

오븐팬에 바닐라 빈 줄기와 아몬드를 펼쳐 놓은 뒤 165℃ 오븐에 넣어 15분간 로스팅한다. 소스팬에 설탕을 넣고 가열해 캐러멜 30g을 만든다. 뜨거운 캐러멜을 바닐라 빈 줄기 위에 붓고 캐러멜이 굳을 때까지 식힌다. 크리스피 푀양틴, 캐러멜과 함께 굳은 바닐라 빈을 각각 따로 블렌더에 갈아준다. 마지막으로 구운 아몬드에 포도씨유를 조금씩 넣어가며 블렌더로 갈아준다. 전동 스탠드 믹서 볼에 이들을 모두 함께 넣은 다음 녹인 카카오 버터를 조금씩 넣어가며 플랫비터를 돌려 균일하게 섞어준다.

● 바닐라 빈 3줄기
아몬드 100g
설탕 35g
크리스피 푀양틴 100g
포도씨유 10g
카카오 버터 10g

화이트 코팅 ENROBAGE BLANC

● 카카오 버터 100g
화이트 초콜릿 100g

소스팬에 카카오 버터를 녹인 다음 잘게 다진 초콜릿 위에 붓는다. 핸드블렌더로 갈아 균일하게 혼합한다.

차콜 블랙 코팅 ENROBAGE CHARBON

● 카카오 버터 100g
화이트 초콜릿 100g
식용 숯가루 1g

소스팬에 카카오 버터를 녹인 다음 잘게 다진 초콜릿 위에 붓는다. 여기에 식용 숯가루를 넣고 핸드블렌더로 갈아 균일하게 혼합한다.

밀크 초콜릿 코팅 ENROBAGE CHOCOLAT AU LAIT

● 카카오 버터 100g
밀크 초콜릿 100g

소스팬에 카카오 버터를 녹인 다음 잘게 다진 초콜릿 위에 붓는다. 핸드블렌더로 갈아 균일하게 혼합한다.

옐로 코팅 ENROBAGE JAUNE

● 카카오 버터 100g
화이트 초콜릿 100g
지용성 식용 색소(노랑) 1g

소스팬에 카카오 버터를 녹인 다음 잘게 다진 초콜릿 위에 붓는다. 여기에 식용 색소를 첨가한 뒤 핸드블렌더로 갈아 균일하게 혼합한다.

오렌지 코팅 ENROBAGE ORANGE

● 카카오 버터 100g
화이트 초콜릿 100g
지용성 식용 색소(주황) 1g

소스팬에 카카오 버터를 녹인 다음 잘게 다진 초콜릿 위에 붓는다. 여기에 식용 색소를 첨가한 뒤 핸드블렌더로 갈아 균일하게 혼합한다.

핑크 코팅 ENROBAGE ROSE

● 카카오 버터 100g
화이트 초콜릿 100g
식용 색소 분말(빨강) 0.5g

소스팬에 카카오 버터를 녹인 다음 잘게 다진 초콜릿 위에 붓는다. 여기에 식용 색소를 첨가한 뒤 핸드블렌더로 갈아 균일하게 혼합한다.

루비 레드 코팅 ENROBAGE RUBIS

● 카카오 버터 100g
화이트 초콜릿 100g
식용 색소 분말(빨강) 1g

소스팬에 카카오 버터를 녹인 다음 잘게 다진 초콜릿 위에 붓는다. 여기에 식용 색소를 첨가한 뒤 핸드블렌더로 갈아 균일하게 혼합한다.

그린 코팅 ENROBAGE VERT

● 카카오 버터 100g
화이트 초콜릿 100g
식용 색소 분말(녹색) 1g

소스팬에 카카오 버터를 녹인 다음 잘게 다진 초콜릿 위에 붓는다. 여기에 식용 색소를 첨가한 뒤 핸드블렌더로 갈아 균일하게 혼합한다.

커피 가나슈 GANACHE CAFE

● 액상 생크림 200g
커피 원두 50g
달걀노른자 85g
설탕 40g
젤라틴 매스 17g
(젤라틴 가루 2.5g + 물 14.5g)
마스카르포네 330g
커피 가루 20g

소스팬에 생크림과 커피 원두를 넣고 끓을 때까지 가열한다. 불에서 내린 뒤 뚜껑을 덮어 약 10분간 향을 우려낸다. 다시 불에 올려 끓을 때까지 가열한다. 볼에 달걀노른자와 설탕을 넣고 거품기로 휘저어 뽀얗게 섞어준다. 여기에 뜨거운 커피 향 생크림을 조금 붓고 잘 섞은 뒤 다시 소스팬으로 옮겨 담는다. 잘 저으며 가열해 크렘 앙글레즈를 만든다. 2분간 끓인 뒤 체에 걸러준다. 젤라틴 매스를 넣고 핸드블렌더로 갈아 혼합한다. 마스카르포네와 커피 가루를 넣어준다. 다시 한 번 핸드블렌더로 갈아 혼합한다. 냉장고에 약 12시간 동안 넣어 휴지시킨다.

● 액상 생크림 800g
젤라틴 매스 42g
(젤라틴 가루 7g + 물 35g)
화이트 커버처 초콜릿
(ivoire) 215g
레몬즙 180g

● 액상 생크림 530g
버베나 페퍼(Litsea cubeba) 3g
화이트 초콜릿 145g
젤라틴 매스 28g
(젤라틴 가루 4g + 물 24g)
리치즙 100g
레몬즙 20g

● 액상 생크림 500g
달걀노른자 50g
설탕 25g
젤라틴 매스 10g
(젤라틴 가루 1.5g + 물 8.5g)
피스타치오 페이스트 150g
마스카르포네200g

● 액상 생크림 200g
티무트 페퍼 2.5g
달걀노른자 85g
설탕 40g
젤라틴 매스 17g
(젤라틴 가루 2.5g + 물 14.5g)
마스카르포네 330g

● 액상 생크림 470g
바닐라 빈 1줄기
화이트 커버처 초콜릿
(ivoire) 100g
젤라틴 매스 28g
(젤라틴 가루 4g + 물 24g)

● 딸기즙 400g
설탕 40g
한천 분말(agar-agar) 6g
잔탄검 2g

레몬 가나슈 GANACHE CITRON

하루 전, 소스팬에 생크림 분량의 반을 넣고 뜨겁게 가열한 다음 젤라틴 매스를 넣고 섞는다. 이것을 잘게 다진 초콜릿에 조금씩 부으면서 잘 저어 섞어준다. 나머지 분량의 생크림을 넣고 이어서 레몬즙을 넣어준다. 핸드블렌더로 갈아 균일하게 혼합한다. 냉장고에 약 12시간 동안 넣어 휴지시킨다.

리치 버베나 페퍼 가나슈 GANACHE LITCHI-POIVRE VERVEINE

하루 전, 소스팬에 생크림 분량의 반과 버베나 페퍼를 넣고 끓을 때까지 가열한다. 불에서 내린 뒤 뚜껑을 닫고 약 5분간 향을 우려낸다. 뜨거운 생크림을 잘게 썬 초콜릿과 젤라틴 매스 위에 붓고 잘 섞어준다. 여기에 나머지 분량의 생크림과 리치즙, 레몬즙을 넣고 핸드블렌더로 갈아 균일하게 혼합한다. 체에 거른 뒤 냉장고에 12시간 동안 넣어 휴지시킨다.

피스타치오 가나슈 GANACHE PISTACHE

소스팬에 생크림을 넣고 끓을 때까지 가열한다. 볼에 달걀노른자와 설탕을 넣고 거품기로 휘저어 섞는다. 여기에 뜨거운 생크림을 조금 붓고 잘 섞어준다. 다시 소스팬으로 모두 옮긴 뒤 가열해 크렘 앙글레즈를 만든다. 2분간 끓인 뒤 젤라틴 매스와 피스타치오 페이스트를 넣고 핸드블렌더로 갈아 혼합한다. 체에 거른다. 마스카르포네를 넣고 섞어준다. 냉장고에 약 12시간 동안 넣어 휴지시킨다.

티무트 페퍼 가나슈 GANACHE TIMUT

소스팬에 생크림과 티무트 페퍼콘을 넣고 끓을 때까지 가열한다. 볼에 달걀노른자와 설탕을 넣고 거품기로 휘저어 섞는다. 여기에 뜨거운 생크림을 조금 붓고 잘 섞어준다. 다시 소스팬으로 모두 옮긴 뒤 가열해 크렘 앙글레즈를 만든다. 2분간 끓인 뒤 젤라틴 매스를 넣고 핸드블렌더로 갈아 혼합한다. 체에 거른다. 마스카르포네를 넣고 섞어준다. 냉장고에 약 12시간 동안 넣어 휴지시킨다.

바닐라 가나슈 GANACHE VANILLE

하루 전, 소스팬에 생크림 분량의 반을 넣고 뜨겁게 가열한다. 길게 갈라 긁은 바닐라 빈과 줄기를 넣어준다. 불에서 내린 뒤 뚜껑을 덮고 약 10분간 향을 우려낸다. 다시 불에 올려 뜨겁게 가열한 다음 체에 거르면서 잘게 다진 초콜릿과 젤라틴 매스에 붓고 잘 섞어준다. 여기에 나머지 분량의 생크림을 넣고 핸드블렌더로 갈아 균일하게 혼합한다. 냉장고에 약 12시간 동안 넣어 휴지시킨다.

딸기 젤 GEL FRAISE

소스팬에 딸기즙을 넣고 끓을 때까지 가열한다. 설탕, 한천 분말, 잔탄검을 넣고 핸드블렌더로 갈아 혼합한다. 냉장고에 넣어 굳힌다.

라즈베리 젤 GEL FRAMBOISE

● 라즈베리 즙 400g
설탕 40g
한천 분말(agar-agar) 6g
잔탄검 2g

소스팬에 라즈베리 즙을 넣고 끓을 때까지 가열한다. 설탕, 한천 분말, 잔탄검을 넣고 핸드블렌더로 갈아 혼합한다. 냉장고에 넣어 굳힌다.

피스타치오 젤 GEL PISTACHE

● 피스타치오 밀크 500g
달걀노른자 90g
설탕 35g
잔탄검 2.5g
피스타치오 페이스트 75g

소스팬에 피스타치오 밀크를 넣고 거의 끓을 때까지 가열한다. 볼에 달걀노른자와 설탕을 넣고 거품기로 휘저어 섞는다. 여기에 뜨거운 피스타치오 밀크를 조금 붓고 잘 섞어준다. 다시 소스팬으로 옮긴 뒤 가열해 2분간 끓인다. 식힌다. 잔탄검과 피스타치오 페이스트를 넣고 핸드블렌더로 갈아 혼합한다. 체에 거른 뒤 냉장고에 넣어둔다.

피스타치오 밀크 LAIT DE PISTACHE

● 우유 500g
피스타치오 50g

우유와 피스타치오를 주서기에 넣고 착즙한다.

바닐라 글레이즈 NAPPAGE VANILLE

● 투명 나파주 100g
바닐라 펄
(또는 바닐라 빈 가루) 1g

소스팬에 투명 나파주와 바닐라 펄을 넣고 끓을 때까지 가열한다.

머랭 MERINGUE

● 달걀흰자 125g
설탕 125g
슈거파우더 125g

달걀흰자에 설탕을 세 번에 나누어 넣으며 거품을 올린다. 거품기를 들어올렸을 때 새 부리 모양이 되도록 단단히 거품을 올린다. 여기에 슈거파우더를 넣고 주걱으로 잘 섞어준다. 완성된 머랭을 짤주머니에 채워 넣는다.

바바 반죽 PÂTE À BABA

● 밀가루(T65) 190g
소금 2g
버터 60g
이스트 7g
액상 꿀 7g
달걀 210g
우유 20g

전동 스탠드 믹서 볼에 밀가루, 소금, 버터, 이스트, 꿀을 넣고 도우훅을 돌려 섞는다. 달걀 분량의 반을 넣고 저속(속도 1)으로 돌려 반죽한다. 반죽이 균일하게 혼합되면 스크래퍼로 바닥을 한 번 긁어 떼어내준 다음 나머지 분량의 달걀을 조금씩 넣어가며 계속 반죽한다. 반죽에 어느 정도 탄력이 붙으면 우유를 넣고 계속 반죽한다. 완성된 반죽을 짤주머니 안에 채워 넣는다.

슈 반죽 PÂTE À CHOUX

● 물 300g
우유 300g
소금 12g
설탕 25g
버터 270g
밀가루(T65) 330g
달걀 540g

소스팬에 물, 우유, 소금, 설탕, 버터를 넣고 끓을 때까지 가열한다. 1~2분간 끓인다. 여기에 밀가루를 넣고 반죽이 냄비 벽에서 쉽게 떨어질 때까지 약불에서 잘 저으며 섞어준다. 혼합물을 전동 스탠드 믹서 볼에 넣고 플랫비터를 돌려 수분이 날아가도록 잘 섞어준다. 이어서 달걀을 세 번에 나누어 넣으며 섞어준다. 냉장고에 2시간 동안 넣어둔다. 실리콘 패드(Silpat®) 또는 유산지를 깐 오븐팬 위에 지름 2cm 크기로 동그랗게 슈를 짜 놓는다. 175℃ 데크 오븐에서 30분간 굽는다(일반 오븐의 경우는 우선 260℃로 예열한 후 슈를 넣고 바로 오븐을 끈 상태로 15분간 굽는다. 이어서 오븐을 다시 켜 160℃에서 10분간 더 굽는다).

파트 디아망 PÂTE DIAMANT

버터 115g
슈거파우더 70g
헤이즐넛 가루 25g
소금 1g
달걀 45g
밀가루(T65) 190g
감자 전분 60g
달걀흰자(도우 표면에 바르는 용도)
비정제 황설탕 100g
머스코바도 설탕 20g
코코넛 슈거 20g

전동 스탠드 믹서 볼에 버터, 슈거파우더, 헤이즐넛 가루, 소금을 넣고 플랫비터를 돌려 섞어준다. 달걀을 넣고 잘 섞은 다음 밀가루와 전분을 넣어준다. 균일하게 혼합되도록 계속 돌려 반죽한다. 냉장고에 넣어둔다. 반죽을 3mm 두께로 민 다음 지름 35cm 원반형으로 자른다. 지름 28cm 원형 틀을 뒤집어 놓은 뒤 이 반죽 시트를 덮어준다. 여분의 반죽은 칼로 깔끔하게 잘라낸다. 달걀흰자를 풀어 반죽 시트 표면에 붓으로 아주 얇게 발라준다. 3가지 종류의 설탕을 섞은 뒤 시트 위에 고루 뿌려 전체를 덮어준다. 그 위에 타공 실리콘 패드(Silpain®)를 2장 올린다. 165℃ 오븐에서 30분간 굽는다.

파트 쉬크레 PÂTE SUCRÉE

버터 115g
슈거파우더 70g
헤이즐넛 가루 25g
소금 1g
달걀 45g
밀가루(T65) 190g
감자 전분 60g

전동 스탠드 믹서 볼에 버터, 슈거파우더, 헤이즐넛 가루, 소금을 넣고 플랫비터를 돌려 섞어준다. 달걀을 넣고 계속 섞어준다. 이어서 밀가루와 전분을 넣고 균일한 혼합물이 되도록 반죽한다. 냉장고에 넣어둔다. 반죽을 3mm 두께로 민 다음 지름 30cm 원반형으로 잘라준다. 지름 20cm 타르트 링 안에 반죽 시트를 깔아준다. 밖으로 나온 시트의 여분은 칼로 깔끔하게 잘라낸다. 실리콘 패드(Silpat®) 또는 유산지를 깐 오븐팬 위에 놓고 포크로 바닥을 콕콕 찍어 구멍을 낸다. 165℃ 오븐에서 30분간 굽는다.

초콜릿 파트 쉬크레 PÂTE SUCRÉE CHOCOLAT

버터 115g
슈거파우더 70g
헤이즐넛 가루 25g
소금 1g
달걀 45g
밀가루(T65) 190g
감자 전분 60g
코코아 가루 50g

전동 스탠드 믹서 볼에 버터, 슈거파우더, 헤이즐넛 가루, 소금을 넣고 플랫비터를 돌려 섞어준다. 달걀을 넣고 계속 섞어준다. 이어서 밀가루, 전분, 코코아 가루를 넣고 균일한 혼합물이 되도록 반죽한다. 냉장고에 넣어둔다. 반죽을 3mm 두께로 민 다음 지름 30cm 원반형으로 잘라준다. 지름 20cm 타르트 링 안에 반죽 시트를 깔아준다. 밖으로 나온 시트의 여분은 칼로 깔끔하게 잘라낸다. 실리콘 패드(Silpat®) 또는 유산지를 깐 오븐팬 위에 놓고 포크로 바닥을 콕콕 찍어 구멍을 낸다. 165℃ 오븐에서 30분간 굽는다.

허니 아몬드 프랄리네 PRALINE AMANDE-MIEL

아몬드 500g
라벤더 꿀 500g

오븐팬에 아몬드를 펼쳐 놓은 뒤 100℃ 오븐에 넣어 1시간 30분 동안 건조시킨다. 꿀을 140℃까지 가열한 다음 건조시킨 아몬드를 넣고 꿀 시럽이 고루 코팅되도록 잘 저으며 가열한다. 식힌 뒤 블렌더로 갈아 프랄리네 페이스트를 만든다.

코코넛 프랄리네 PRALINE COCO

아몬드 100g
코코넛 슈레드 325g
설탕 180g
소금(플뢰르 드 셀) 3g

아몬드와 코코넛 과육 슈레드를 각기 따로 170℃ 오븐에서 15분씩 로스팅한다. 로스팅한 아몬드를 오븐에서 꺼내 5분간 식힌 뒤 블렌더로 갈아 페이스트 상태로 만든다. 여기에 로스팅한 코코넛 슈레드를 넣고 섞는다. 소스팬에 설탕을 넣고 가열해 캐러멜을 만든다. 식힌 다음 블렌더로 갈아준다. 곱게 간 캐러멜을 첫 번째 혼합물에 넣고 잘 섞어준다.

헤이즐넛 프랄리네 PRALINE NOISETTE

헤이즐넛 380g
설탕 115g
소금(플뢰르 드 셀) 8g

오븐팬에 헤이즐넛을 펼쳐 놓은 뒤 165℃ 오븐에 넣어 15분간 로스팅한다. 소스팬에 설탕을 넣고 가열해 캐러멜을 만든다. 캐러멜을 식힌 뒤 블렌더로 갈아준다. 로스팅한 헤이즐넛을 블렌더로 갈아준다. 전동 스탠드 믹서 볼에 캐러멜, 헤이즐넛, 소금을 넣고 플랫비터를 돌려 잘 섞어준다.

피칸 프랄리네 PRALINE PECAN

● 피칸 500g
설탕 125g
소금(플뢰르 드 셀) 10g

오븐팬에 피칸을 펼쳐 놓은 뒤 165℃ 오븐에 넣어 15분간 로스팅한다. 소스팬에 설탕을 넣고 가열해 캐러멜을 만든다. 캐러멜을 식힌 뒤 블렌더로 갈아준다. 로스팅한 피칸을 블렌더로 갈아준다. 전동 스탠드 믹서 볼에 캐러멜, 피칸, 소금을 넣고 플랫비터를 돌려 잘 섞어준다.

피스타치오 프랄리네 PRALINE PISTACHE

● 피스타치오 750g
설탕 225g
소금(플뢰르 드 셀) 15g

오븐팬에 피스타치오를 펼쳐 놓은 뒤 165℃ 오븐에 넣어 15분간 로스팅한다. 소스팬에 설탕을 넣고 가열해 캐러멜을 만든다. 캐러멜을 식힌 뒤 블렌더로 갈아준다. 로스팅한 피스타치오를 블렌더로 갈아준다. 전동 스탠드 믹서 볼에 캐러멜, 피스타치오, 소금을 넣고 플랫비터를 돌려 잘 섞어준다.

사블레 브르통 크러스트 SABLE BRETON RECONSTITUE

● 버터 240g
카카오 버터 50g
설탕 210g
달걀노른자 95g
소금 5g
밀가루(T55) 360g
베이킹파우더 25g

전동 스탠드 믹서 볼에 버터. 카카오 버터, 설탕을 넣고 플랫비터를 돌려 뽀얗게 될 때까지 섞어준다. 여기에 달걀노른자와 소금을 넣어준다. 이어서 밀가루와 베이킹파우더를 넣고 너무 탄력이 생기지 않을 정도로만 섞어준다. 반죽 혼합물을 덜어내 3mm 두께로 민 다음 지름 20cm 원반형으로 잘라준다. 실리콘 패드 (Silpat®)를 깐 오븐팬에 링을 놓고 그 안에 반죽 시트를 채워 넣은 뒤 170℃ 오븐에서 약 20분간 굽는다.

플뢰르 드 셀 초콜릿 사블레 SABLE CHOCOLAT-FLEUR DE SEL

● 버터 190g
비정제 황설탕 150g
설탕 60g
바닐라 펄(또는 바닐라 빈 가루) 2g
소금(플뢰르 드 셀) 3g
밀가루 220g
코코아 가루 35g
다크 초콜릿(카카오 70%) 190g

상온에 두어 부드러워진 버터와 황설탕, 설탕, 바닐라 빈, 소금을 섞는다. 여기에 미리 체에 쳐둔 밀가루와 코코아 가루를 넣고 섞어준다. 잘게 다진 초콜릿을 넣고 섞는다. 실리콘 패드(Silpat®)를 깐 오븐팬 위에 혼합물을 3mm 두께로 밀어 놓는다. 170℃ 오븐에서 9분간 굽는다. 식힌 다음 잘게 다진다.

바바 시럽 SIROP BABA

● 물 205g
설탕 120g
젤라틴 매스 7g
(젤라틴 가루 1g + 물 6g)
캔디드 오렌지 페이스트 10g
캔디드 레몬 페이스트 10g
럼 50g

소스팬에 럼을 제외한 재료를 모두 넣고 뜨겁게 가열한다. 체에 거른 뒤 럼을 첨가한다.

재료별 찾아보기
iNDEX

DES
PRODUiTS

저자 소개
BiO

요한 카롱 YOHANN CARON

2008
●
5년간의 요리사 생활을 마치고 파티시에로 전업
●
물랭(Moulins)의 프레데릭 포세(Frédérick Fossey)에서 파티시에 수련

2011
●
르 뫼리스 호텔(Hotel Le Meurice) 팀에 드미 셰프 드 파르티(demi chef de partie)로 합류하면서 세드릭 그롤레(Cédric Grolet)와 처음 만남.

2013
●
르 뫼리스 호텔(Hotel Le Meurice),
파티스리 수셰프

2017
●
아들 폴(Paul) 출생

2018
●
르 뫼리스 호텔(Hotel Le Meurice) 페이스트리 부티크 오픈, 어시스턴트 이그제큐티브 페이스트리 셰프

2019
●
오페라(Opéra) 부티크 이그제큐티브 페이스트리 셰프

프랑수아 데애 FRANÇOIS DESHAYES

2011-2012
●
메츠(Metz)에서 직업 전문 바칼로레아 취득
(요리 부문, 우수 평가)

2013
●
요리 부문 디플로마 취득
(레스토랑 디저트 전공)

2014
●
르 뫼리스 호텔(Hotel Le Meurice) 호텔에 파티시에 신입사원으로 입사

2016
●
르 뫼리스 호텔(Hotel Le Meurice),
드미 셰프 드 파르티(demi chef de partie)

2018
●
르 뫼리스 호텔(Hotel Le Meurice),
파티스리 수셰프 (sous-chef)

2019
●
르 뫼리스 호텔(Hotel Le Meurice), 세드릭 그롤레 팀의 어시스턴트 이그제큐티브 페이스트리 셰프

세드릭 그롤레 CÉDRIC GROLET

2000
●

파티스리 직업적성자격증(CAP) 과정 시작

2006
●

포송(Fauchon)에 신입 파티시에(commis pâtissier)로 입사

2011
●

르 뫼리스 호텔(Hotel Le Meurice) 파티스리 수셰프

2012
●

르 뫼리스 호텔(Hotel Le Meurice) 파티스리 총괄 셰프

2015
●

'르 셰프(Le Chef)' 매거진이 선정한 올해의 셰프 파티시에

2016
●

'레 를레 데세르(Les Relais desserts)'가 선정한 올해의 셰프 파티시에

●

'레 토크 블랑슈(Les Toques blanches)'가 선정한 올해의 최우수 셰프 파티시에

2017
●

'옴니보어(Omnivore)'가 선정한 올해의 셰프 파티시에

●

첫 번째 책『과일 디저트(Fruits)』출간, 알랭 뒤카스 출판사(시트롱 마카롱 번역 출판)

2018
●

르 뫼리스 호텔(Hotel Le Meurice) 페이스트리 부티크 오픈(rue de Castiglione, Paris)

●

'레 그랑드 타블 뒤 몽드(Les Grandes Tables du Monde)'가 선정한 세계 최우수 파티시에

2019
●

페이스트리 부티크 '오페라(Opéra)' 오픈(avenue de l'Opéra, Paris)

●

두 번째 책『오페라(Opéra)』출간, 알랭 뒤카스 출판사(시트롱 마카롱 번역 출판)

●

'월드 베스트 레스토랑 50(World's 50 Best Restaurants)'이 선정한 세계 최우수 파티시에

2021-2022
●

런던에 첫 번째 페이스트리 부티크 '세드릭 그롤레(Cédric Grolet)' 오픈(The Berkeley, London)

●

세 번째 책『플라워(Fleurs)』출간, 알랭 뒤카스 출판사(시트롱 마카롱 번역 출판)

루빅스 플라워 큐브 케이크 Rubik's Flower ⬣ Cédric Grolet의 페이스트리 부티크
오페라(Opéra)에서 예약 주문 가능. *35, avenue de l'Opéra, 75002 Paris.*

지속적인 지지를 보내주시는 르 뫼리스 호텔 **FRANKA HOLTMANN** 총지배인 ✿ 소중한 순간을 함께해 주시는 **ALAIN DUCASSE** 셰프님 ✿ 이들이 없었다면 아무것도 이루지 못했을 나의 두 셰프 **YOHANN CARON** & **FRANÇOIS DESHAYES** ✿ 이 책을 만드는 동안 제게 끊임없는 도움을 주신 오페라와 르 뫼리스 **MY TEAMS** 동료 여러분 ✿ 이 책을 만드는 데 있어 파티시에 못지않은 큰 존재감을 보여주신 **LESLIE GOGOIS** & **HENRY ASSELIN** ✿ 우리의 세계관이 잘 표현된 매우 창의적인 작업을 만들어주신 아틀리에 **LOUIS DEL BOCA** ✿ 멋진 사진 작업에 참여해준 재능 많은 사진작가 **CALVIN COURJON** ✿ 항상 최고 품질의 과일을 공급해주시는 **MAISON COLOM** ✿ 이 책의 콘셉트를 실현하기 위해 놀라우리만큼 열심히 작업해준 **SOINS GRAPHIQUES** 의 Aurélie Mansion, Pierre Tachon ✿ 언제나 무한한 신뢰를 보여주는 Alain Ducasse 출판사, 특히 편집에 애써준 **JULIE DEFFONTAINES** ✿ 소중한 조언과 도움을 주신 **RÉMI TESSIER** ✿ 나의 '수호천사' **ALICIA** ✿ 그리고 특별히 **ASTRID OLIVIA** 당신에게, 모두 깊은 감사를 드립니다.

COLLECTION DIRECTOR
Alain Ducasse

MANAGING DIRECTOR
Aurore Charoy

EDITORIAL MANAGER
Julie Deffontaines

ART DIRECTION,
GRAPHIC DESIGN,
LAYOUT
Soins Graphiques
Pierre Tachon, Camille
Demaimay, and Aurélie
Mansion

TEXT
Leslie Gogois

TRANSLATION
Cillero & De Motta

COPY EDITOR
Sarah Scheffel

PHOTOGRAPHY
Calvin Courjon

Fleurs de Cédric Grolet
© Ducasse Edition 2021

Korean edition arranged
through Kang Agency, Seoul.
Korean Translation
Copyright © ESOOP
Publishing Co.Ltd., 2023

All rights reserved.

플라워, 세드릭 그롤레의 아트 디저트
1판 1쇄 발행일 2023년 6월 30일
저 자 : 세드릭 그롤레
번 역 : 강현정
발행인 : 김문영
펴낸곳 : 시트롱 마카롱
등 록 : 제2014-000153호
주 소 : 경기도 파주시 책향기로 320, 2-206
S N S : @citronmacaron
이메일 : macaron2000@daum.net
ISBN : 979-11-978789-5-4 03590

이 책의 한국어판 저작권은 강 에이전시를 통한 저작권자와의
독점 계약으로 이숲(시트롱 마카롱)에 있습니다.
저작권법에 의해 한국 내에서 보호를 받는 저작물이므로 무단
전재와 무단복제를 금합니다.